Über den Herausgeber

HARALD LESCH ist Professor für Theoretische Astrophysik am Institut für Astronomie und Astrophysik der Ludwig-Maximilians-Universität München und einer der bekanntesten Naturwissenschaftler in Deutschland. Seit vielen Jahren vermittelt er einer breiten Öffentlichkeit spannendes populärwissenschaftliches Wissen. Durch die Sendereihe »alpha-Centauri« bekannt geworden, moderiert er heute u. a. »Leschs Kosmos« im ZDF. Er hat, allein oder mit Co-Autoren, eine Vielzahl erfolgreicher Bücher veröffentlicht, zuletzt »Was hat das Universum mit mir zu tun?«, »Wenn nicht jetzt, wann dann?« und »Denkt mit!«.

Die Entdeckung des Higgs-Teilchens in der Presse:

»Der Titel bietet einen guten Überblick über das Forschungsgebiet des Higgs-Teilchen, den auch Leser ohne große Vorkenntnisse gut nachvollziehen und verstehen können.«
Spektrum der Wissenschaft: Sterne und Weltraum

»Unterhaltungskünstler der Astronomie … ein Geheimtipp.«
natur & kosmos

www.penguin-verlag.de

HARALD LESCH (Hrsg.)

Die Entdeckung des **Higgs-Teilchens**

Oder wie das Universum seine Masse bekam

Mit Beiträgen von
Martin P. Dittgen, Timothy Hall,
Matthias Helsen, Florian Selig,
Judith Selig, Florian Zeller, Roman Zitlau

PENGUIN VERLAG

MIX
Papier | Fördert gute Waldnutzung
FSC® C014496

Penguin Random House Verlagsgruppe FSC® N001967

1. Auflage dieser Ausgabe

Umschlaggestaltung: Büro Jorge Schmidt,
nach einem Entwurf von buxdesign, München
Umschlagmotiv: © Adobe Stock / Davidus
Satz: Uhl und Massopust, Aalen
Druck und Bindung: GGP Media GmbH, Pößneck
Printed in Germany
ISBN 978-3-328-11296-9
www.penguin-verlag.de

Dieses Buch ist all jenen gewidmet, die tagtäglich die Fahne der Vernunft in den Boden pflanzen und ohne wirtschaftliche Interessen, nur des reinen Erkenntnisgewinns wegen, Grundlagenforschung betreiben. Gewidmet ist es auch Robert Brout, Gerald Guralnik, Carl R. Hagen und Tom W. B. Kibble: Statt einer Medaille sei euch ein Platz in unseren Herzen sicher. Das Gleiche gilt für die Wissenschaftler und Techniker, die den Large Hadron Collider mitentwickelt haben und betreiben. Die beiden Nobelpreisträger François Englert und Peter Higgs sollen in dieser Widmung natürlich nicht vergessen werden. Ohne das Zusammenwirken aller hier genannten Personen wäre die Entdeckung des Higgs-Teilchens nicht zustande gekommen.

Inhalt

Neueste Schlagzeilen vom Rand der Wirklichkeit!

Schon lange wurde kein Projekt der modernen Physik so aufmerksam verfolgt wie die Suche nach dem sogenannten »Gottesteilchen« in der größten Maschine der Welt. Presse und Internetforen starrten mit Argusaugen auf den 27 Kilometer langen gigantischen Tunnelbau zu Genf. Und dann endlich, am 4. Juli 2012, hob sich der Vorhang über einem der vermeintlich letzten Mysterien der Physik. Es wurde Higgs! Und das ist auch gut so.

Unser Buch beleuchtet den Weg zur Entdeckung des Higgs, von dem viele dachten, dass es zum Ende der Welt führt.

Zwei Tage im Sommer 2012 – eine neue Welt

Harald Lesch

Am 3. Juli 2012 gab die Universitätsbibliothek der Ludwig-Maximilians-Universität in München bekannt, dass man durch einen großen Zufall in den eigenen Beständen auf eine Globussegmentkarte des berühmten Kartografen Martin Waldseemüller gestoßen sei. Zwei Bibliothekarinnen hatten im Frühjahr zwischen alten Geografiefolianten die älteste Weltdarstellung gefunden, die einen damals neuen Kontinent namens Amerika zeigt. Waldseemüller hatte ihm seinerzeit den Namen gegeben und damit eigenmächtig und gegen die Überzeugung des Entdeckers dieser neuen Landmasse gehandelt. Christoph Kolumbus hielt das Land und die Inseln für Teile von Asien und Indien. Die Karte aus dem Jahr 1507 ist die vollständigste Darstellung der damals bekannten Welt – und den Menschen des 16. Jahrhunderts offenbarte sie eine neue Welt.

In den nachfolgenden Jahrzehnten teilten die europäischen Mächte Portugal, Spanien, Frankreich und Großbritannien in ihren Eroberungszügen die Welt neu auf, und sie waren sich – wie übrigens alle Menschen des 16. Jahrhunderts – sicher, mit ihr im Zentrum des Kosmos zu stehen. Da betrat im Jahr 1543 ein Domherr aus Frauenburg mit Namen Kopernikus die Bühne und wagte es, gegen diese anscheinend gottgegebene Tatsache Einspruch zu erheben. Er stellte eine kühne Hypothese auf: Die Erde steht nicht im Mittelpunkt! Sie umkreist wie alle anderen Planeten die Sonne. Damit widersprach er dem blanken Augenschein, nach dem man doch täglich beobachten kann, wie sich alles um die Erde dreht. Aber der Astronom behauptete, dass es übergeordnete, unseren direkten Sinnen verborgene abstrakte Prinzipien gebe, die uns viel mehr über die wahre Struktur der Welt verrieten als unsere fünf Sinne.

Waldseemüller und Kopernikus begründeten eine wahrhaft epochale Neuorientierung der Menschheit. Ihre Theorien bilden einen Höhepunkt in einer langen geistesgeschichtlichen Entwicklung, in der am 4. Juli 2012 ein weiterer Triumph menschlichen Forschergeistes zu verzeichnen war.

Der 4. Juli 2012 war ein Mittwoch. Die Zeitungen in Deutschland titelten, dass fast eine viertel Million Menschen hierzulande in der Friseurbranche arbeiteten, wobei vielen der Lohn nicht einmal zum Leben reiche und sie durch staatliche Leistungen unterstützt werden müssten. An diesem Tag schaffte die Bundesregierung die Schatzbriefe ab, und Matthias Sammer erhielt für seinen ersten Tag beim FC Bayern Vorschusslorbeeren von der *Bild*-Zeitung: »Sammer greift durch«. Im Übrigen war es der Nationalfeiertag des Landes, dem Martin Waldseemüller 1507 den Namen gegeben hatte: Jedes Jahr am 4. Juli gedenken die Vereinigten Staaten von Amerika der Verabschiedung ihrer Unabhängigkeitserklärung von 1776 und feiern ihren Gründungstag.

So weit, so gut. Aber an diesem scheinbar so gewöhnlichen 4. Juli ging es um nichts Geringeres als die Entdeckung einer neuen Welt, einer Welt weit jenseits unserer direkten Anschauung und unseres Verständnisses. Am 4. Juli 2012 wurde, zuerst noch unter Vorbehalt, etwas bekannt gegeben, das zu den tiefsten Erkenntnissen über die Struktur der Materie des ganzen Universums gehört. In einer gigantischen unterirdischen Anlage, teils in der Schweiz und teils in Frankreich, hatte man sich seit Monaten auf die Suche nach etwas begeben, das rund fünfzig Jahre zuvor von Theoretischen Physikern mittels hochabstrakter mathematischer Modelle vorhergesagt worden war. Und am Ende jenes Tages im Juli 2012 hatte sich wieder einmal eine zentrale Forderung der seriösen Wissenschaft bewährt, deren nüchtern-trockene Formulierung so gar nichts über ihre Tragweite für die Erforschung der Welt verrät: »Jede empirische Hypothese muss an der Erfahrung scheitern können.«

Erfahrungen machen Wissenschaftler mittels Experiment und Beobachtung. Die Hypothese entspricht der mathematischen Theorie, und die Möglichkeit des Scheiterns steckt in der Vorhersage, die sich aus der Theorie ergibt und im Experiment überprüft wird. Stellt sich der vorhergesagte Effekt ein, so ist die Hypothese, ist die Theorie nicht falsch. Wenn hingegen das prognostizierte Phänomen nicht eintritt, muss die Hypothese begraben werden. Dazwischen kann ein langer Weg liegen! Doch eins nach dem anderen.

Ich war an jenem Morgen noch auf dem Weg zur Münchener Universitätssternwarte, als rund 600 Kilometer entfernt im CERN, der Europäischen Organisation für Kernforschung in Meyrin, Kanton Genf in der Schweiz, bekannt gegeben wurde, dass man höchstwahrscheinlich das Higgs-Teilchen entdeckt habe. Gegen zehn Uhr waren auf vielen Fernsehkanälen die glücklichen Gesichter von Fabiola Gianotti, Sprecherin des ATLAS-Experiments, und von Joe Incandela vom CMS-Experiment zu sehen, die die Forschungsergebnisse einer perplexen Weltöffentlichkeit vorstellten.

Und nicht nur das. Fast alle Medien titelten: »Das Gottesteilchen wurde entdeckt!« Ein ärgerliches Missverständnis, das aber nicht aus der Welt zu bringen war, machte aus einem physikalisch-abstrakten, instabilen energetischen Prozess eine Art religiöser Erleuchtung. Dabei hat das Higgs-Teilchen so viel mit Gott zu tun wie der viel zitierte Fisch mit dem Fahrrad.

Anfang der 90er-Jahre hatte der Physik-Nobelpreisträger Leon Lederman ein Manuskript angefertigt mit dem Titel »The Goddamn Particle« – das gottverdammte

Teilchen. Es war der Bericht über die Anstrengungen der großen internationalen Konsortien bei der Erforschung der Grundlagen der Elementarteilchenphysik, über die auf gut Deutsch gesagt »gottverdammt« schwierige Suche nach dem Higgs-Teilchen. Und was macht sein Verleger daraus? Er streicht das Wort »damn« aus dem Titel, und schon wird aus dem nüchternen wissenschaftlichen Bericht ein Verkaufsschlager: »The God Particle« – das Gottesteilchen. Hier zeigte sich einmal mehr, wie die Medien die öffentliche Wahrnehmung von wissenschaftlicher Erkenntnis und Arbeitsweise beeinflussen.

Kaum war die Meldung in der Welt, da schwärmten Presse- und andere Medienvertreter aus, um Informationen einzusammeln, und auch ich musste zahlreiche Interviews geben. Dabei wurde ich vielfach mit einem leider oft spöttischen Desinteresse an der Sache konfrontiert, nach dem Motto: »Was haben die verrückten Elementarteilchenforscher denn da wieder entdeckt in ihren Maulwurfslöchern?« Nachrichten aus den Wissenschaften, zumal der Grundlagenforschung, haben häufig den Charakter von Meldungen über fast ausgestorbene indigene Völker, die man irgendwo im Amazonas-Regenwald oder auf Papua-Neuguinea bei ihren bis dahin völlig unbekannten Paarungsritualen erwischt hat.

Ansonsten wurde die Meldung über die Entdeckung des Higgs-Teilchens zum Anlass genommen, wieder einmal nach Sinn und Zweck von Grundlagenforschung zu fragen, wohl wissend, dass die Interviewpartner – oder sollte man sie besser »Interviewgegner« nennen? – hierauf in der Kürze der Zeit ganz sicher keine Antwort geben können, die sich in wenigen Worten pointiert formulieren lässt. Auch mit den allseits beliebten Fragen »Wo ist denn jetzt noch Platz für Gott?« oder »Was nützt uns das?« wurde ich wieder konfrontiert. Unter dem allgemeinen Zwang zur Zuspitzung und Verkürzung auf wenige prägnante Sätze und Schlagwörter, dem Redakteure, Journalisten und Medien ausgesetzt sind, sollte ich all diese drängenden Fragen mal eben in möglichst kurzer und prägnanter Form so beantworten, dass der interessierte Bürger auch alles versteht. Ein Ding der Unmöglichkeit!

Gespräche dieser Art sind von vornherein zum Scheitern verurteilt, denn die Gesprächsteilnehmer sind nicht gleichberechtigt, der angebliche Dialog ist asymmetrisch. Der Reporter versteht sich als Anwalt des Laien, der den Grundlagenforscher fast anklagend nach dem Sinn seines Tuns befragt. Solche Interviews können schnell zum Tribunal werden. Der tagesaktuelle Journalismus interpretiert Wissenschaft häufig ohne die nötigen Hintergrundrecherchen – dazu fehlt die Zeit. Folglich werden mehr oder weniger ahnungslos Assoziationen geknüpft und Schlagwörter kreiert, die dann als Essenz wissenschaftlicher Arbeit gelten und sich in der Öffentlichkeit durchsetzen, weil sie angeblich einen sehr komplexen Zusammenhang auf den Punkt bringen. Die Missverständnisse, die sich aus diesen oft keineswegs sinnvollen sprachlichen Verdichtungen ergeben, müssen nicht problematisch werden, wenn den beteiligten Forschungsgruppen beziehungsweise ihren inzwischen so wichtig gewordenen Abteilungen für Öffentlichkeitsarbeit die Möglichkeit gegeben wird, den Sachverhalt klarzustellen. Meist fragt aber niemand mehr nach, denn schon einen Tag später haben längst andere Sensationsnachrichten den Wettlauf um das viel umkämpfte Interesse der Öffentlichkeit gewonnen. Der Inhalt, die Bedeutung, die Konsequenzen – kurz: das Wesentliche wissenschaftlicher Tätigkeit und Reflexion – werden leider oft genug dem Aktualitätsgebot des Tagesjournalismus geopfert.

Völlig anders dagegen geht die Wissenschaft vor. Sie beschäftigt sich mit der langfristigen und möglichst tiefgehenden Erforschung der Welt, eben nicht unter den Augen der Öffentlichkeit, sondern hinter den Mauern von Forschungsinstituten, deren Bewohner auf den Laien vielleicht den Eindruck einer klösterlichen Gemeinschaft machen. In der Tat verlangt Wissenschaft nach einer kontemplativen Einstellung der beteiligten Personen; wir müssen fokussieren, wir müssen uns konzentrieren können.

Und weil es uns Wissenschaftlern aufgrund der Komplexität der Materie einfach nicht mehr gelingen kann, ein auch nur einigermaßen »richtiges« Bild moderner Physik sprachlich so darzustellen, dass es Laien verstehen können, öffnet sich der Graben zwischen Gesellschaft und Wissenschaft immer weiter. Was sich hinter den durchaus offenen Türen der Forschungsinstitute und Universitäten wirklich tut, was da passiert, mit welchen Zielen dort Menschen ihre Tage (und manchmal auch Nächte) verbringen, wissen die wenigsten. Manchmal, und vor allem auch an Tagen wie dem 4. Juli 2012, wenn ich als Professor für Theoretische Astrophysik zu aktuellen wissenschaftlichen Erkenntnissen befragt werde, macht sich in mir das Gefühl breit, dass der Auftrag der Aufklärung »als der Ausgang des Menschen aus seiner selbst verschuldeten Unmündigkeit« in der heutigen Zeit mit all ihrer Informationsflut seine ganz praktischen Grenzen hat. Die Forschungsarbeit der modernen Physik ist einfach viel zu weit entfernt von den Problemen unseres Alltags, ihre Methoden sind geradezu Lichtjahre entfernt von den Anschauungsformen der meisten Menschen, die sich nicht mit mathematischen und physikalischen Methoden und Theorien auseinandersetzen. Wie kann also durch wenige Worte auch nur einigermaßen plausibel erklärt werden, worum es bei solchen Schlagzeilen wie denjenigen vom Juli 2012 eigentlich geht?

Nein, hier braucht es doch mehr Worte, Worte, die den enormen Aufwand zu beschreiben vermögen, den Tausende Wissenschaftler für Tage, Wochen oder sogar Monate in unterirdischen Tunnelanlagen betrieben haben. Sie forschten und lebten eingepfercht zwischen Computern, kathedralengroßen Detektoren, einem unüberschaubaren Elektronikdschungel und riesigen supraleitenden, mit flüssigem Helium gefüllten Spulen, die, fast auf den absoluten Nullpunkt abgekühlt, superstarke Magnetfelder erzeugen. Dort unten in der Röhre wird auch weiterhin auf 27 Kilometer Länge das Höllenfeuer des beginnenden Universums freigesetzt und unter gewaltigem Aufwand so gezügelt, dass positiv geladene Teilchen auf fast überirdische Energien beschleunigt werden. Die Zusammenstöße dieser rasenden Boten der frühesten Phasen des Kosmos werden auf winzigste Spuren hin geprüft, die vielleicht ein Indiz für die mögliche Existenz eines Teilchens sein können – des Higgs-Teilchens. Hierbei handelt es sich um eine zeitraubende, weil sehr genaue, seriöse Analyse von hochkomplizierten Vorgängen, deren experimentelle Verwirklichung viele Jahre mit großem Aufwand vorbereitet werden musste und schließlich mit diesem großartigen Erfolg gekrönt wurde.

Natürlich war und ist all das ein irrwitziger technischer Aufwand: in gewaltigen Detektoranlagen die Zustände zu erzeugen, die gemäß der Theorie in den ersten Billionstelsekunden des Universums geherrscht haben müssen. Und ja, es ist eine gewaltige, beängstigende Menge an elektrischer Energie, die dort unten im

Large Hadron Collider (LHC) zusammengezogen werden muss, um all das zu ermöglichen. Auch die Kosten dürfen ein Thema sein, wenn damit verdeutlicht werden kann, welche wissenschaftliche Dimension dieses Projekt hat.

Aber solche Informationen dürfen nicht die einzigen Nachrichten bleiben. Es müssen vielmehr die Relationen vermittelt werden, in denen das Projekt zu sehen ist. Schließlich waren wir gerade Zeitzeugen einer der größten Entdeckungen, die Menschen in diesem Universum überhaupt machen können. Was für einen Weg haben wir hinter uns gebracht, bis wir endlich das Higgs-Teilchen gefunden haben! Dieser Leistung gebührt ein Hymnus auf die Fähigkeiten unserer Vernunft!

Lediglich von einem 27 Kilometer langen Tunnel zu sprechen, in dem Milliarden von Euro versenkt werden, um ein Teilchen zu finden, das keinen wirtschaftlichen Nutzen hat, ist schlicht irreführend. Um das Projekt am Large Hadron Collider richtig einordnen, die Tragweite der neuen Erkenntnisse ermessen zu können, bedarf es eines Vorwissens über die historische Entwicklung der Teilchenphysik. Dazu ist es hilfreich, bis etwa zum Beginn des 20. Jahrhunderts zurückzugehen, als sich mittels zahl- und variationsreicher Experimente die Struktur der Materie mehr und mehr offenbarte. Im Laufe der nachfolgenden Jahrzehnte konnten die Kenntnisse über den Aufbau des winzigen Atomkerns vervollständigt, konnten Protonen und Neutronen als Bausteine der Atomkerne identifiziert werden.

Dazu ist es unerlässlich zu wissen, wie die Untersuchung von radioaktiven Zerfallsprozessen zu der theoretischen Annahme zwang, dass es Teilchen gibt, die so gut wie gar nicht mit anderen Teilchen in Wechselwirkung stehen, die aber für die Verwandlung von Neutronen in Protonen und umgekehrt verantwortlich sind. Diese sogenannten Neutrinos müssen in wahrhaft astronomischen Ausmaßen in Sternen erzeugt werden, und zwar bei der Verschmelzung von Wasserstoffatomkernen zu Helium. Am Ende des 20. Jahrhunderts schließlich konnte ein erstes »Foto« vom Neutrinofluss der Sonne gemacht werden, wodurch sich die Theorie von den Sternen als Fusionsreaktoren bestätigte. Auch über die Entdeckungen des Aufbaus der Kernbausteine muss berichtet werden, über die Protonen und Neutronen, die aus Up- und Down-Quarks bestehen. Und noch über einige andere Teilchen mehr, die entdeckt wurden, was eine elegante Beschreibung aller Elementarteilchen möglich machte.

Noch bis zum Vorabend des 4. Juli 2012 hätte dieser triumphale Bericht der Teilchenphysik allerdings mit einer Kapitulationserklärung enden müssen: Es seien nun zwar alle Teilchen entdeckt, die von der Theorie vorhergesagt worden waren, aber diese so erfolgreiche Theorie sei nicht in der Lage, die *Massen* der Teilchen zu erklären.

Nun aber, mit der größten Maschine der Welt, ist es endlich möglich geworden, in die Energieräume vorzustoßen, wie sie ganz am Anfang des Universums herrschten und in denen die physikalischen Prozesse abliefen, durch die die Elementarteilchen im ganzen Kosmos ihre Ruhemassen erhalten haben. Diesen Zusammenhang hatte Anfang der 60er-Jahre eine Reihe von Theoretischen Physikern vermutet und folglich die Existenz eines überall im Universum vorhandenen Feldes gefordert, das den einzelnen Teilchen ihre Masse »vermittelt«. Einer ihrer Urväter, Peter Higgs, wurde zum Namensgeber für dieses Feld, dem ein oder mehrere Teilchen zugeschrieben werden, vergleichbar mit der Beziehung von Wasser und Welle.

Erst vor dem Hintergrund dieses Wissens wird verständlich, welches Schlüsselexperiment am Großen Hadronenbeschleuniger in der Schweiz stattgefunden hat und warum am 4. Juli 2012 die gesamte Welt der Physiker in befreienden Jubel ausbrach, als es hieß: »Wir haben es gefunden!« Ein wissenschaftliches Unternehmen der Extraklasse, einzigartig auf der Erde, einzigartig in seiner internationalen Vernetzung, hat unsere Kenntnis über die Struktur der kosmischen Materie einen gewaltigen Schritt nach vorne gebracht.

Wir Menschen lieben Erzählungen von Triumph und Tragödie, und eine solche ist sie, die Geschichte von der Suche nach den Grundbausteinen der Welt, von der

Reise an die Grenzen der erkennbaren Wirklichkeit. Der gut informierte Leser mag sich erinnern an den Tag davor, als es um die Entdeckung der Weltkarte von Martin Waldseemüller ging, und vielleicht ergreift ihn am Ende ein Gefühl dafür, dass unsere Vernunft die Grenzen der Welt zwar nicht überspringen kann, dass sie aber das Instrument unseres Geistes ist, mit dem wir verantwortlich und sinnvoll die Welt erforschen, verändern und vielleicht sogar verbessern können. Möge er das Vertrauen darauf mit den Menschen teilen, die sich der Sache verpflichtet fühlen und nicht den ökonomischen Zielen eines wild gewordenen Kapitalismus, für den Erkenntnisse nur dann wertvoll sind, wenn sie sich in Heller und Pfennig auszahlen.

Higgs und der Journalismus

Matthias Helsen

Hat der alte Hexenmeister
Sich doch einmal wegbegeben!
Und nun sollen seine Geister
Auch nach meinem Willen leben.

Anfang Juli 1797 werden diese beschwörenden Worte niedergeschrieben. Warum Goethe sich die Satire *Der Lügenfreund* des spätantiken Autors Lukian als Vorlage für seinen *Zauberlehrling* nimmt, bleibt offen. Ob es sich um zeitgenössische Kritik handelt? Es liegt nahe. Zumindest ist davon auszugehen, dass Goethe mit diesem Gedicht verdeutlichen will, dass eben nicht jeder, der der deutschen Sprache mächtig ist, auch gleich ein Dichter ist, geschweige denn sich so nennen sollte.

Nach Aristoteles und Platon sind Worte nicht willkürlich. Woher sie ursprünglich kommen, lässt sich nicht mehr letztgültig ergründen. Es ist jedoch wahrscheinlich, dass ihre Entstehung irgendwo zwischen Willkür und Konvention angesiedelt ist. Trotzdem ist es wohl für jeden offensichtlich, dass Worte heutzutage eine klare Bedeutung und Verwendung haben.

Was hat all dies nun mit dem Higgs-Boson zu tun? Nun, man möchte zunächst meinen, es gebe hier keinen Bezug. Allerdings relativiert sich dies, wenn man sich die Schlagzeilen zu seiner Entdeckung ansieht. Teilweise hat man den Eindruck, als würden Wörter ganz willkürlich miteinander verbunden. Auf diese Weise entsteht ein falscher Eindruck davon, was eigentlich gesagt werden soll, und man sorgt lediglich für Verwirrung. Genau wie es dem Lehrling in Goethes Gedicht am Ende geht. Sprache ist wie Magie, sie hat die Macht, den Menschen Gedanken einzupflanzen. Genau deshalb sollte man mit ihr verantwortungsvoll umgehen.

Anfang Juli 2012, 215 Jahre nach Goethes *Zauberlehrling*, veröffentlichten Forscher des CERN, die am Experiment mit dem LHC beteiligt sind, einige Ergebnisse, die bestätigten, dass etwas entdeckt wurde. Es lag nahe, dass es sich dabei um das Higgs-Boson handelte. Im Grunde keine Hexerei. Zugegeben, es wirkt geradezu wie Zauberei, wenn die Wissenschaftler urknallähnliche Zustände in gigantischen Teilchenbeschleunigern reproduzieren. Es ist auch erfreulich, dass der Mensch es schafft, vorhersagbare Ergebnisse in äußerst komplexen Experimenten zu erzielen. Der Nutzen wissenschaftlicher Entdeckungen kann nicht hoch genug veranschlagt werden, und für viele ist Wissenschaft heutzutage eine geradezu religiöse Instanz.

Dass am CERN etwas entdeckt wurde, sickerte schon

im Herbst 2011 durch. Seitdem wurde viel spekuliert. Gerade nach der Pleite mit der vermeintlichen Überlichtgeschwindigkeit der Neutrinos im Sommer 2011 waren die Spannung und die Skrupel besonders hoch. Deshalb wohl auch waren die beteiligten Wissenschaftler diesmal so besonnen, sich genügend Zeit für die Auswertung zu nehmen und auch bei der Bekanntgabe der Ergebnisse nicht zu marktschreierisch aufzutreten.

Umso verwunderlicher erscheint es, mit welch irrationaler, jenseits der Fakten liegender Berichterstattung über dieses Ereignis die Öffentlichkeit diesmal konfrontiert wurde. Für einen Physiker dürften die Ergebnisse der Versuchsreihe am CERN durchaus etwas bedeuten. Was dieses höchstwahrscheinlich nachgewiesene Higgs-Teilchen der Welt bringt, welchen tatsächlichen praktischen Nutzen wir aus dessen Entdeckung ziehen können, kann noch nicht ermessen werden. Was das Teilchen selber betrifft, so soll in diesem Buch ein auch für Laien gut verständlicher Überblick gegeben werden, der sich an den physikalischen Fakten orientiert und aus der hohen Kunst der Wissenschaft dann eben doch keine Zauberei macht.

Im *Neuen Handbuch zum Journalismus* von Wolf Schneider und Paul-Josef Raue heißt es: »Wenn die demokratische Gesellschaft funktionieren soll, dann ist sie auf Journalisten angewiesen, die viel können, viel wissen und ein waches Bewusstsein für ihre Verantwortung besitzen.« Verantwortung also, den Menschen zu informieren, die Realität adäquat darzustellen, jeden jedem auf die Finger schauen zu lassen, für Transparenz zu sorgen. Im Grunde folgt der Journalismus einfachen Regeln: Informationen sollen unvoreingenommen gesammelt und nach Prioritätsstufen der Öffentlichkeit neutral zur Verfügung gestellt werden. Die Beschaffung der Informationen muss auf legale Weise geschehen, ihr Inhalt darf nicht diskriminierend sein. Dies bedeutet, dass die Informationen nicht bewertet, sondern dem Leser neutral präsentiert werden sollen. Der Leser kann sich dann seine eigene Meinung bilden.

Der Konkurrenzkampf der Informationsinstanzen und Medien zwingt diese dazu, ihre Verkaufszahlen zu maximieren, also Aufmerksamkeit zu erregen. In diesem Kontext ist es schwer, die Ideale von gutem Journalismus – Ehrlichkeit, Unvoreingenommenheit, Informationstiefe, Transparenz – umzusetzen. Viel größer ist die Versuchung, mit simplen, reißerischen Schlagzeilen das Interesse der Öffentlichkeit auf sich zu ziehen. Diesem schrillen Wettbewerb der Zeitungen und Zeitschriften um Verkaufszahlen kann man jeden Morgen am Zeitungskiosk begegnen. Wie aber können Medien wirtschaftlich erfolgreich sein und gleichzeitig die Regeln von gutem Journalismus einhalten? Schneider und Raue beziehen hierzu deutlich Stellung: »Diejenigen Journalisten aber, die um ihre Leser oder Hörer kämpfen müssen, weil sie bei Privatsendern, Boulevardzeitungen oder überflüssigen Zeitschriften arbeiten – sie liefern überwiegend auch nicht gerade das, was sich als gescheite Information einstufen ließe.«

Zurück zu unserem Higgs-Boson und der Berichterstattung darüber: Hieße das »Gottesteilchen«, wie es in den Medien reißerisch genannt wurde, deshalb so, weil es Materie gottgleich entstehen ließe, so handelte es sich tatsächlich um ein Wunder. Das »gottverdammte Teilchen«, wie es der Physiker Leon Lederman einst scherzhaft genannt hatte, hat hingegen nichts mit Zauberei zu tun. Hinter dem Prozess der Materieentstehung und der Rolle des Higgs-Bosons dabei stehen sehr komplizierte Prozesse, die wir in diesem Buch aufzeigen wollen. Diese Prozesse sind teilweise so komplex, dass sich auch die besten Physiker schwertun damit, sie verständlich darzulegen. In den gängigen Massenmedien hingegen wurde schon am Tag der Bekanntgabe ein Mischmasch von wissenschaftlichen Fakten und allen möglichen Spekulationen und Scheinlösungen – so war etwa gar von der Entdeckung der Dunklen Materie die Rede – zur Thematik verbreitet. Die physikalischen Prozesse, die beim Experiment am LHC stattfanden, wurden in diesem Zusammenhang kaum behandelt. Dazu hätte es ja intensiver Recherche und soliden Vorwissens bedurft. Allenfalls erfuhren die Leser, dass die Suche nach dem Higgs-Teilchen halt recht abenteuerlich war. Es wurde versucht, mit an Titel von Science-Fiction-Romanen erinnernden Überschriften dem Ganzen einen wissenschaftlichen Anstrich zu verpassen, damit die Geschichte spannender wird.

Natürlich, der Teilchenbeschleuniger ist ein beeindruckendes Konstrukt, atemberaubend und von bezaubernder technischer Schönheit. Wird dieses Meisterwerk menschlichen Erfindergeistes jedoch nicht seiner Größe beraubt, wenn man es mit weit hergeholten Science-Fiction-Ideen in Verbindung bringt? Vom »Tor zu einer anderen Welt« war beispielsweise zu lesen. Dieser Titel einer Folge einer Science-Fiction-Serie (»Commander Perkins«) kann nur in einem sehr weitläufigen Sinn auf die Entdeckung des Higgs-Teilchens angewandt werden. Eine Schlagzeile dieser Art ist schlichtweg irreführend, sofern im Fließtext nicht sehr genau auf ihren Symbolgehalt eingegangen wird. Das Gleiche gilt für eine Überschrift wie »Das Geheimnis um die Antimaterie gelüftet«. Andere Medien behaupteten, dass das Graviton entdeckt wurde. Das ist bestenfalls peinlich. Selbstredend verkaufen sich solche Schlagzeilen gut. Aber inwiefern kann das noch als neutrale Berichterstattung verstanden werden? Es heißt, Hunde, die bellen, beißen nicht. Genauso steht es denn auch um Wissenschaftsjournalismus dieser Art. Es wird laut geschrien, aber der Biss fehlt.

Im Rahmen der Entdeckung des Higgs-Teilchens hat

die moderne Wissenschaft den Medien zufolge also angeblich das Mysterium um die Antimaterie gelüftet, das Teleportieren erfunden, Hologramme entwickelt, Aliens auf dem Radar – und nebenbei soll die Menschheit gar regen Kontakt mit Engeln pflegen. Im Grunde hat jede dieser Schlagzeilen sogar einen wahren Kern. Einerseits wissen wir nämlich nur sehr wenig und können deshalb auch viel behaupten. So können wir nur etwa fünf Prozent dessen, was wir beobachten, auch einigermaßen erklären. Über einen beträchtlichen Teil der Materie im Universum vermögen wir überhaupt nichts zu sagen – daher der Name »Dunkle Materie«. Und wohin die Antimaterie verschwunden ist oder warum es von ihr wohl weniger gab, wird so schnell nicht gelöst werden.

Und andererseits geschehen in der Wirklichkeit Dinge, die an Science-Fiction erinnern. So ist es zum Beispiel tatsächlich gelungen, einen Datensatz zu teleportieren. Dies erfordert allerdings eine so enorme Rechenleistung, dass es aus wissenschaftlicher Sicht auf Materie wohl niemals angewandt werden kann. Nach den Lehren der Stochastik gilt es doch eher als sehr unwahrscheinlich, dass die Erde der einzige Planet mit Lebewesen ist. Wissen können wir es allerdings nicht. Und was die Hologramme angeht – nun ja, es ist gelungen, auf um 45 Grad geneigte Bildschirme dreidimensional wirkende Figuren zu projizieren. Das Higgs-Teilchen hat damit aber gar nichts zu tun. Ob Engel uns zu dieser Erkenntnis verhalfen, möge dahingestellt bleiben. Der Vatikan hat jedenfalls nach Veröffentlichung der Higgs-Ergebnisse Stellung dazu bezogen, warum es sich natürlich nicht um ein Gottesteilchen handeln kann.

Die eigentliche Bedeutung der hier besprochenen Entdeckung, nämlich die weitgehende Bestätigung des Standardmodells der Elementarteilchenphysik, wurde durch solche sensationsheischende Überschriften, die am Thema vorbeiführen, in den Hintergrund gedrängt. Für eine gewisse Zeit schienen alle herausfinden zu wollen, was das Besondere am Higgs-Boson ist, ohne dabei zu sehen, dass das Higgs-Boson selbst das Besondere ist. Den Menschen, die an diesem Projekt arbeiten, wird man so sicher nicht gerecht.

Auf diese Weise finden wir uns tatsächlich im Beispiel des Zauberlehrlings wieder, der aus Übermut versucht, das Werkzeug des Hexenmeisters zu verwenden – in unserem Fall eben die Sprache –, obgleich er doch erst ein Lehrling ist. So nähert er sich einer Katastrophe, und das Chaos ist vorprogrammiert. Im Falle Higgs ist es nun nicht so dramatisch, und die einzelnen Fehler in den Berichten sind eventuell auch vernachlässigbar, wenn man es mit der Physik nicht so genau nimmt. Aber unser Universum allein ist schon so wundervoll, dass es keiner erfundenen Wunder bedarf.

Aller Kritik zum Trotz kann man den Wissensmagazinen, -shows und Zeitungen jedoch auch etwas Positives zugutehalten. Oft werden die manipulativen Überschriften im Fließtext ein wenig relativiert, auch hat man bisweilen das Gefühl, dass die Journalisten sich ihres Marktschreiertums bewusst sind. Sie weisen darauf hin, dass dieses und jenes für den Laien schwer oder nicht verständlich ist, verweisen auf Aussagen diverser Wissenschaftler oder stellen klar, dass manche Bilder und Grafiken lediglich der Verdeutlichung einer komplizierten Theorie dienen, jedoch ihren Kern nur grob beschreiben können.

Zweifelsohne muss man den Medien auch zugestehen, dass sie ein stetig steigendes Interesse an der Wissenschaft bewirken. So gibt es inzwischen etliche Blogs und Sites im Internet, die in der Tat fundierte Informationen zu wissenschaftlichen Themen liefern. Allerdings wollen diese erst gefunden werden, zudem gibt es hier das Problem, dass sie oft nicht auf ihre Richtigkeit hin überprüft wurden (davon sollte man ja immerhin bei den klassischen Informationsweitergabeinstanzen ausgehen können). Der Leser sieht sich also oft mit der Schwierigkeit konfrontiert, dass er nicht weiß, wie gründlich seine Informationen recherchiert und aufbereitet sind. Manchmal ist die mangelnde Seriosität gar zu offenkundig, etwa wenn ernst zu nehmende Physik mit einem Verschwörungsroman in Verbindung gebracht oder – wie erwähnt – das Higgs-Teilchen mit einem Graviton verwechselt wird.

Die Realität ist schön, soweit wir sie erkennen können, und Wissen ist faszinierend, soweit wir es erlangen können. Der Wissenschaftsjournalismus verbindet beide Sphären miteinander – er sollte der Weisheit Vorrang geben gegenüber bloßem Buhlen um Aufmerksamkeit und Profitmaximierung, getreu den Worten aus Aristoteles' *Metaphysik*: »Ferner halten wir den in jeder Wissenschaft für weiser, der genauer ist und der besser die Ursachen zu lehren versteht. Und wir sind der Meinung, dass die Wissenschaft, die um ihrer selbst willen und des Wissens wegen erstrebt wird, eher Weisheit sei als die, die ihrer Resultate wegen gewählt wird.«

Von »Urknall-Maschinen«, »Gottesteilchen« und Schwarzen Löchern

Timothy Hall

Man stelle sich einen kilometerlangen Tunnel vor, irgendwo in der Schweiz. Dort führen Wissenschaftler quantenmechanische Experimente durch. Sie schießen Teilchen aufeinander, um sie dann zu sprengen und in ihren Bruchstücken nach den Geheimnissen des Universums zu suchen. Ihren gewaltigen Apparat nennen sie »Urknall-Maschine«, und sie suchen nach dem »Gottesteilchen«. Doch es gibt Bedenken: Einige vermuten, dass bei den Experimenten Schwarze Löcher entstehen könnten, die alles verschlingen und unsere Welt vernichten.

Gleich drei unfassbare Giganten nehmen an einem einzigen Experiment teil. Panik ist angebracht. Vor unseren Augen entsteht ein kosmisches Horrorszenario. Fast könnte man meinen, das gesamte CERN und der LHC wären Erfindungen von H. P. Lovecraft.

Für Liebhaber von Science-Fiction ist das alles eine wahre Freude. So viel Spektakel gab es in der Physik schon lange nicht mehr. Deswegen lohnt es sich umso mehr, genauer hinzusehen und zu verstehen, was denn dieser »Kampf der Giganten« wirklich bedeutet.

Die »Urknall-Maschine«

Die Experimente am LHC ermöglichen es, die exotischen Vorgänge kurz nach dem Urknall besser zu begreifen. Durch den hochenergetischen Zusammenprall subatomarer Teilchen gelingt es, die Bedingungen zu simulieren, die wahrscheinlich nur wenige Bruchteile einer Sekunde nach dem großartigen Anfang des Universums geherrscht haben.

Leider ließen sich einige Wissenschaftler dazu hinreißen, das Großexperiment »Urknallsimulation« zu nennen. Ein wundervoller Begriff, perfekt geeignet fürs Marketing. Dazu ist eigentlich nicht viel zu sagen, außer dass im LHC natürlich keine »Urknallsimulation« stattfindet. Es ist unmöglich, den Urknall zu simulieren! Denn dafür müsste man ein Grundverständnis davon haben, was eigentlich passieren soll. Doch wir haben kein solides Verständnis davon, was direkt beim Urknall passiert ist.

Sicherlich gibt es ganze Bibliotheken mit großartigen Spekulationen über *Big Bangs* und *Big Bounces*, Theorien über Vorgängeruniversen und vieles mehr. Doch wir sollten uns immer eines vor Augen führen: Eine Theorie ist nur so gut wie ihre Überprüfbarkeit. Wir können jedoch keine Experimente außerhalb des Universums durchführen. Der Urknall wird wohl für alle Ewigkeit ein unbegreifliches Ereignis bleiben. Alles, was wir wissen, ist, dass so etwas wie der Urknall stattgefunden haben muss. Mehr nicht.

Das »Gottesteilchen«

Viel umfangreicher als die Debatte um den Urknall ist jedoch jene über das sogenannte »Gottesteilchen«. Diese missverständliche Benennung zieht viel Kritik aus der Fachwelt auf sich – aus mehreren Gründen.

1. Das Higgs-Boson ist nicht das wichtigste Teilchen im Universum! Ja, das Higgs-Boson ist wichtig. Es ist in unserer Gesamtbetrachtung des Kosmos aber auch nicht relevanter als altbekannte Teilchen wie das Elektron, das Photon oder die Quarks. Unser Universum wird nun einmal von vier Grundkräften zusammengehalten und besteht aus einer ganzen Reihe von Grundteilchen. All diese Kräfte und Teilchen tragen dazu bei, dass unsere Sonne, unsere Erde und unsere menschlichen Körper so funktionieren, wie sie eben funktionieren.

Ein bestimmtes Grundteilchen herauszugreifen und es als besonders wichtig zu deklarieren ist so, als würde man in der unteren Ebene eines Kartenhauses herumstochern und versuchen, die in besonderem Maße tragenden Karten zu finden. Das Ergebnis ist jedoch: Egal, welche man entfernt, alles bricht zusammen.

Das Higgs-Boson ist lediglich aufgrund seiner Unauffindbarkeit stark mystifiziert worden. Befänden wir uns in einem (höchst hypothetischen) anderen Kosmos mit einer (höchst hypothetischen) anderen Menschheit und es wäre uns von Anfang an gelungen, das Higgs-Boson zu beweisen, dann wäre wohl ein anderes Teilchen, das Elektron womöglich, zum »Gottesteilchen« aufgewertet worden.

2. Gott hat in der Naturwissenschaft nichts verloren! Im Jahr 1726 beschrieb der Naturforscher Johann Jacob Scheuchzer ein seltsames Fossil. Das eigentümliche Skelett schien zu keinem der bis dahin bekannten Tiere zu passen. Ein unbekanntes, womöglich ausgestorbenes Tier passte aber nicht in das vorherrschende biblische Weltbild, wonach die gesamte Welt in sieben Tagen erschaffen wurde, und zwar genau so, wie sie heute aussieht.

Scheuchzer kam also zu dem Schluss, dass es sich bei dem merkwürdigen Skelett um die deformierten Überreste eines bei der Sintflut getöteten Sünders handeln musste. Erst einhundert Jahre später, als in der Geologie und der Biologie immer mehr die Vermutung aufkam, dass die Welt deutlich älter sein musste als in der Bibel beschrieben, gelang es dem Franzosen Georges Cuvier, das Fossil korrekt einzuordnen: als prähistorischen Molch.

Es mag uns heute völlig verrückt erscheinen, das Skelett eines Molches mit dem eines Menschen zu verwechseln. Aber genau das kann passieren, wenn Untersuchungen nicht ergebnisoffen geführt werden. Wenn von Anfang an klar ist, dass jeder Fund in das biblische Weltbild passen muss, dann wird eben alles passend gemacht.

Viele der großen wissenschaftlichen Durchbrüche des 18. und 19. Jahrhunderts bestanden letztendlich darin, religiöse Dogmen zu überwinden. Das betrifft bei Weitem nicht nur biologische und astronomische Erkenntnisse. Auch die moderne Chemie entstand erst durch die Verbannung der Magie aus der Alchemie. Die Herauslösung der Religion aus der Naturwissenschaft war ein anstrengender und bedeutsamer Prozess. Es ist schade, dass heute immer noch bestimmte Gruppierungen versuchen, mit spirituellen Scheinargumenten wissenschaftliches Arbeiten zu sabotieren.

Gerade in dieser Hinsicht sollte man als Naturwissenschaftler sehr genau darauf achten, wie man Theorien und Teilchen benennt. Das »Gottesteilchen« war gerade in dieser Hinsicht ein Schritt in die falsche Richtung.

3. »Göttlich« – im Sinne von vertrackt – ist allenfalls die Geschichte dieser Begriffsentstehung. Es wurde ja schon eingangs im Vorwort erklärt, wie das »god particle« zu seinem Namen gekommen ist. Dass Generationen von Wissenschaftlern es als »goddamn« verflucht haben und dass Nobelpreisträger Leon Lederman es unfreiwillig (durch seinen Verleger) zum »god particle«

aufgewertet hat, nur damit kein Schimpfwort im Titel seines Buches steht.

Aufschlussreich ist auch, wie der Titel dieses Buches ursprünglich übersetzt wurde. In der deutschen Version findet sich nämlich lediglich ein »schöpferisches Teilchen«. Eigentlich ein wesentlich schönerer und treffenderer Begriff. Erst im Laufe der Zeit hat sich das »Gottesteilchen« auch in Deutschland durchgesetzt. Hier sieht man deutlich, welchen Einfluss Marketinggesichtspunkte auf unser Weltbild ausüben können.

Schwarze Löcher

Im Großen und Ganzen wissen wir jedoch, dass es nicht das »Gottesteilchen« und auch nicht der Urknall war, der die Inbetriebnahme des LHC so spannend machte. Am aufregendsten war mit Abstand das Schwarze Loch, das am LHC entstehen, alles einsaugen und die Menschheit vernichten würde.

Weltuntergänge sind derzeit in Mode, das wissen wir nicht erst seit der Sache mit dem Maya-Kalender 2012. Das Schwarze Loch war allerdings etwas wirklich Besonderes. Die Lage war so fatal, dass sogar eine Klage beim Gerichtshof für Menschenrechte, ein Eilantrag gegen die Inbetriebnahme des LHC, eingereicht wurde. Sie wurde allerdings abgewiesen.

Gerade deswegen lohnt es sich, noch einmal genauer auf die Geschichte mit dem Schwarzen Loch einzugehen und zu erläutern, wie gefährlich die Situation denn nun wirklich war.

1. Die Gefährlichkeit von Schwarzen Löchern wird übertrieben dargestellt. Leider ist in der populären Literatur diesbezüglich sehr viel Unsinn im Umlauf. Schwarze Löcher werden gern als unbesiegbare kosmische Superstaubsauger karikiert, die einfach alles gierig verschlingen. Das ist nicht ganz richtig.

Im Grunde ist ein Schwarzes Loch nicht viel mehr als eine örtliche Verdichtung von Materie, deren Gravitationswirkung lokal so stark ist, dass ihr nichts mehr entkommen kann, auch kein Licht. Aber es ist und bleibt eine lokale Verdichtung, die über astronomische Distanzen keine Rolle spielt. Für die Umlaufbahn der Erde macht es keinen Unterschied, ob wir eine Sonne oder ein Schwarzes Loch als Zentralgestirn haben, solange die Gesamtmasse gleich bleibt. (Der Mangel an Sonnenlicht würde trotzdem alles Leben auslöschen, aber eingesaugt würden wir nicht.) Wir können sogar annehmen, dass die überwältigende Zahl der Schwarzen Löcher harmlos durch den Kosmos schwirrt und niemanden belästigt. Es wurden sogar Sterne beobachtet, die sich in einem stabilen Orbit um ein Schwarzes Loch befinden, so im Fall von Sagittarius A*.

Gleiches gilt nun für ein hypothetisches Schwarzes Loch am LHC. Wenn es nun gelänge, ein Schwarzes Loch im Mikromaßstab zu erzeugen, indem man zwei Bleiatome aufeinanderschießt, dann hätte auch dieses Schwarze Loch nicht mehr Gravitation als zwei Bleiatome, und es wäre extrem klein. Es gilt zu bedenken, dass allein die Existenz eines Schwarzen Mikro-Lochs rein hypothetisch ist. Und selbst dann wäre es wahrscheinlich ungefährlich.

Man sollte sich die »Größe« eines solchen Schwarzen Mikro-Lochs vor Augen führen. Sie wird am ehesten beschrieben durch den Schwarzschildradius. Dieser bezeichnet den Bereich des Schwarzen Lochs, den man nur mit Überlichtgeschwindigkeit verlassen könnte, also den Bereich, aus dem auch Licht nicht mehr entkommen kann.

Für ein Schwarzes Loch mit der Masse zweier Bleiatome betrüge dieser Radius grob 10^{-51} Meter. Zum Vergleich: Der Durchmesser eines Atomkerns liegt im Bereich von 10^{-15} Metern. Das ist ein Unterschied von 36 Nullen. Hinzu kommt die Tatsache, dass die Gravitation als die gefährlichste Kraft eines Schwarzen Lochs im Mikrokosmos kaum eine Rolle spielt. Die Gravitation ist hier vernachlässigbar im Vergleich zu der um ein Vielfaches (etwa 10^{36}-mal) stärkeren elektromagnetischen Wechselwirkung. Ein Schwarzes Mikro-Loch, gebildet aus zwei Bleiatomkernen (also ausschließlich positiv geladenen Teilchen), hätte nach wie vor die elektrische Ladung von zwei Bleiatomkernen, würde andere Atomkerne also eher abstoßen als anziehen.

Es wäre sogar denkbar, ein Schwarzes Loch mithilfe seiner elektrischen Ladung im LHC zu kontrollieren und auf einer ewigen Kreisbahn »endzulagern«. Genau dieses Szenario wurde sogar am 1. April 2012 in einem Bericht auf ScienceBlogs beschrieben.

Zugegeben, ein stabiles Schwarzes Loch, das mit großem Aufwand gelagert werden muss, ist nicht das schönste denkbare Ergebnis einer wissenschaftlichen Untersuchung. Aber selbst ein solches Szenario sollte zeigen, dass Schwarze Löcher nicht immer die großen Allesvernichter sein müssen, als die sie häufig dargestellt werden. Vor allem wenn man bedenkt, dass auch Schwarze Löcher ein »Ablaufdatum« haben.

2. Es ist richtig, dass nichts einem Schwarzen Loch entkommen kann. Dennoch verlieren Schwarze Löcher konstant Energie (und damit auch Masse). Und zwar über die sogenannte Hawking-Strahlung. Wenn wir also ein großes Schwarzes Loch über Milliarden von Jahren isolierten, ihm quasi die Nahrung verweigerten, würde es ständig schleichend Energie abgeben und alle Masse verlieren. Es würde zerstrahlen. Natürlich ist es unrealistisch, ein großes Schwarzes Loch zu isolieren, erst recht für Milliarden von Jahren.

Bei einem Schwarzen Mikro-Loch sieht die Situation allerdings ganz anders aus. Denn die Hawking-Strahlung ist von der Oberfläche abhängig, die Masse hingegen vom Radius. Je kleiner unser Schwarzes Loch, desto größer ist die Wirkung der Hawking-Strahlung im Vergleich zur Masse. Diese Strahlung, die für ein großes Schwarzes Loch nichts als ein Nebeneffekt ist, wäre also für ein Schwarzes Mikro-Loch verheerend. Oder einfach ausgedrückt: Das Schwarze Mikro-Loch würde in Bruchteilen von Sekunden zerstrahlen, lange bevor es in der Lage wäre, weitere Masse zu absorbieren.

3. Hochenergiekollisionen passieren nicht nur am LHC. Teilchenkollisionen wie im LHC sind etwas völlig Normales. Die sogenannte kosmische Strahlung besteht aus einer Vielzahl von verschiedenen Teilchen, die mit nahezu Lichtgeschwindigkeit auf die Erdatmosphäre treffen. Tatsächlich ist die Energie dieser Teilchen oft um ein Tausendfaches höher als die Energie der Teilchen im LHC.

Wir können also davon ausgehen, dass in jeder Sekunde Higgs-Teilchen durch unsere Atmosphäre schwirren und wieder zerfallen, ohne dass dabei ein tödliches Schwarzes Loch entsteht. Der einzige Unterschied zwischen dem LHC und der Atmosphäre ist die kontrollierte Umgebung, die es uns ermöglicht, diese ganz gewöhnlichen Ereignisse genauer zu beobachten.

Und der Gewinner ist…

…das »Gottesteilchen«. Denn im Gegensatz zum Urknall oder zum Schwarzen Loch war das Higgs-Boson im LHC tatsächlich auffindbar. Die Aufregung rund um den LHC ist ein Lehrbeispiel dafür, wie naturwissenschaftliche Sachverhalte von den Medien verzerrt und aufgebauscht werden. Heute wissen wir, dass all die Schreckensszenarien nicht eingetreten sind. Stattdessen kam es zum lang ersehnten Durchbruch.

Rätsel und Kuriositäten in der Welt der allerkleinsten Dinge

Roman Zitlau

Die Entdeckung des Higgs-Bosons ist die Sternstunde einer ganz seltsamen Art und Weise, die Welt zu begreifen. Die Suche nach dem Higgs-Teilchen steht für den Versuch, alle Bestandteile des Universums und ihre Veränderungen auf kleinste Objekte zurückzuführen, Objekte, die aufeinander reagieren, indem sie wiederum andere kleinste Objekte miteinander austauschen. Prallen zum Beispiel zwei Elektronen aufeinander, so stellt man sich das nicht wie einen Zusammenstoß von Kugeln vor. Stattdessen nimmt man an, dass Lichtteilchen zwischen beiden Objekten ausgetauscht werden, wodurch sich Flugrichtung und Energie beider Teilchen ändern. Doch das ist nicht alles: Denn was genau diese allerkleinsten Objekte sind, welche abstrusen Eigenschaften ihnen zugesprochen werden können und nach welchen aberwitzigen Prinzipien die Welt funktioniert – das entzieht sich vollkommen der Intuition und dem Vorstellungsvermögen des Menschen. »Materie besteht nicht aus Materie« oder »Teilchen sind nur manchmal Teilchen und in der restlichen Zeit Wellen« sind nur zwei der vielen Sätze, die man bezüglich dieser Problematik immer wieder hört.

Die Ursache für die grundsätzlichen Probleme des Menschen mit dem Weltbild der modernen Physik liegt vermutlich darin, dass unser Gehirn in einer Welt entstand, die im Vergleich zum Rest des Universums geradezu simpel ist. Unsere Vorstellungen, Gefühle und Intuitionen entwickelten sich zusammen mit dem Leben an sich in einer Umgebung, die innerhalb der modernen Physik nur noch einen Spezialfall darstellt. Einen Spezialfall, bei dem alle Dinge gerade so mittelmäßig groß, mittelmäßig schwer und mittelmäßig energiereich (also schnell) sind, dass die wahre Natur des Universums verborgen bleibt. So wie ein Fisch im Aquarium vermutlich nie verstehen wird, wo er sich befindet oder was außerhalb seiner Welt ist, so hat gewiss auch der Mensch seine Grenzen in Bezug auf sein Verständnis vom Universum.

Das fängt bereits bei der Frage an, wieso denn überhaupt etwas da sei und nicht eher nichts? Dass es gar nichts gäbe (also keinen Kosmos), wäre ja einfacher, als dass es etwas gäbe und dazu noch so etwas Kompliziertes wie diese Welt! Auch Fragen danach, wie das Universum entstanden sei, ob es schon ewig existiere oder irgendwann einmal angefangen habe, scheinen sich dem Menschen auf eine grundsätzliche Art und Weise zu verschließen. Doch das ist nicht das einzige »Aquarium«, in dem wir leben.

Alle Dinge, die wir im Universum beobachten und

zumindest ansatzweise verstehen, stellen nur fünf Prozent des Universums dar. Von den restlichen 95 Prozent wissen wir lediglich, dass es sie geben muss. Man spricht in diesem Zusammenhang von Dunkler Energie (72 Prozent) und Dunkler Materie (23 Prozent).

Selbst innerhalb dieser fünf Prozent des Universums, die dem Menschen im wahrsten Sinne des Wortes einleuchten, lebt der Mensch in einem weiteren »Aquarium« zwischen zwei verrückten Welten. Da ist der Kosmos der allergrößten, allerschnellsten und allerschwersten Dinge auf der einen Seite, in dem Uhren gern einmal stehen bleiben oder Räume wabern, sich krümmen und dehnen. Und auf der anderen Seite befindet sich die Ebene der allerkleinsten Dinge, in der ein einzelnes Objekt gleichzeitig durch zwei verschiedene Löcher fliegen kann, um dann noch mit sich selbst zusammenzustoßen. Wollte man diese Ode an die Beschränktheit des Menschen nun noch auf die Spitze treiben, so könnte man ausführen, dass selbst unsere Alltagswelt zu kompliziert geworden ist, als dass sie ein einzelner Mensch noch ganz zu verstehen vermag, oder gar schlimmer: Noch nicht einmal unser Innenleben ist etwas, dessen wir uns zum größten Teil bewusst wären.

So schrecklich diese Bestandsaufnahme auch sein mag: Glücklicherweise scheinen die Gedanken des Menschen nicht so leicht in »Aquarien« einzusperren zu sein, sodass wir uns in diesem Kapitel dem absurden Theater der Teilchenphysik widmen können und der besonderen Rolle des Higgs-Teilchens dabei.

Das Standardmodell der Elementarteilchenphysik

Das Standardmodell der Elementarteilchenphysik ist ein Sammelsurium von Theorien über den Aufbau der Materie und über die Kräfte, die zwischen den Objekten im Universum wirken. Es zeigt uns, wie unsere Welt im Innersten funktioniert und warum das Higgs-Teilchen ein notwendiges Puzzlestück zum Verständnis der Welt darstellt.

Hierzu soll in einem ersten Schritt die Elementarteilchenphysik in den Gesamtkontext der modernen Physik eingeordnet werden. Die klassische Mechanik nach Newton beschreibt unsere Alltagswelt: Äpfel fallen auf Köpfe, mit dem Kopf kommt man nicht durch die Wand, und wenn man mit dem Rad doppelt so schnell radelt, ist man in der Hälfte der Zeit am Ziel. In Wirklichkeit jedoch ist die klassische Mechanik ein Spezialfall der Physik für mittelgroße und mittelmäßig energiereiche Objekte.

Betrachtet man kleinere Teilchen, so stellt man fest, dass man unter Umständen eben doch mit dem Kopf durch die Wand kommt – jedoch nicht, weil die Wand löchrig wäre. Auf dieser Ebene muss eine grundlegendere Physik zum Einsatz kommen: die Quantenmechanik, die Wissenschaft von den allerkleinsten Portionen aller Erscheinungen im Universum. Ein Materie-Quant ist zum Beispiel ein Elektron, ein Licht-Quant wird Photon genannt. Lässt man nun die Objekte der Betrachtung immer energiereicher, also schneller und schwerer werden, so kann es plötzlich passieren, dass man mit dem Fahrrad in einem Viertel der Zeit ans Ziel gelangt, wenn man nur doppelt so schnell fährt. Für solche Objekte ist die Relativitätstheorie die adäquate Beschreibung.

Die Elementarteilchenphysik beschreibt also sowohl kleine als auch schnelle Objekte, wodurch die klassische Mechanik in beide Richtungen (schnelle und kleine Objekte) erweitert werden muss. Das Resultat wird Quantenfeldtheorie genannt.

Der Aufbau der Materie

Die Welt um uns herum scheint aus einer schier unendlichen Menge verschiedener Stoffe zu bestehen. Man braucht nur einmal aufzuzählen, wie viele verschiedene Materialien man bei einem Blick aus dem Fenster sieht. Auf dieser Ebene soll unsere Reise zu den allerkleinsten Bestandteilen der Materie beginnen. Unsere Alltagswelt lässt sich gut mit einer Längenskala beschreiben, die von Kilometern bis zu Millimetern reicht, also von 1000 m = 10^3 m bis 0,001 m = 10^{-3} m.

Beginnt man die Stoffe unserer Welt in immer kleinere Brocken zu zerschlagen, so stellt man fest, dass die kleinsten von ihnen allesamt verschiedene Zusammensetzungen der immer selben Bausteine sind. Diese Bausteine, Atome genannt, werden im sogenannten Periodensystem der Elemente zusammengefasst.

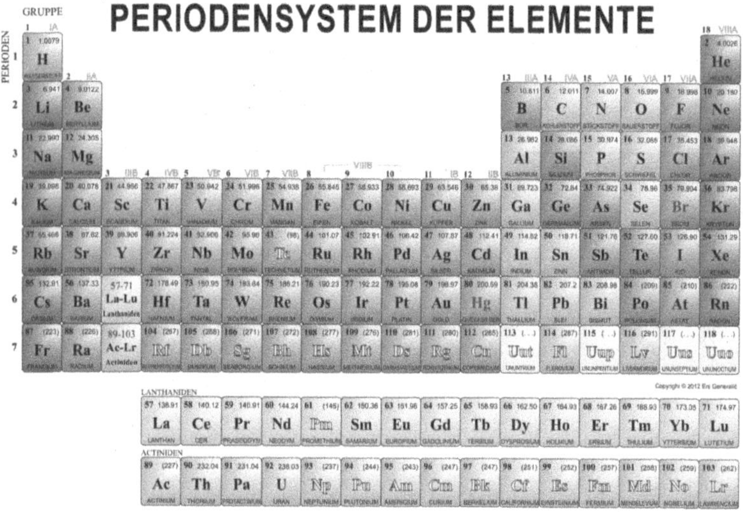

Abbildung 1: Periodensystem der Elemente

Bemerkenswerterweise wird also die unendliche Vielfalt unserer Alltagswelt auf die diversen Zusammensetzungen von 118 verschiedenen Atomen reduziert. Interessant dabei ist, dass nur ein Bruchteil dieser »Elemente« überhaupt in größeren Mengen auftritt. Für die Existenz von Leben können zum Beispiel Kohlenstoff, Sauerstoff und Wasserstoff besonders hervorgehoben werden.

Größenordnungsmäßig bewegen wir uns jetzt im Pikometerbereich, also bei 0,000000000001 m = 10^{-12} m. Ein Sauerstoffatom hat zum Beispiel einen Radius von circa 60 Pikometern. Zum Vergleich sei erwähnt, dass auf der Mikrometerebene (10^{-6} m) Bakterien und im Nanometerbereich (10^{-9} m) DNA-Moleküle gefunden werden.

Der Aufbau des Atoms

Heute weiß man, dass all diese Elemente des Periodensystems auf einer kleineren Ebene aus lediglich drei Bausteinen bestehen: den positiv geladenen Protonen, den neutralen Neutronen und den negativen Elektronen. Die ersten beiden Teilchen verleihen den Atomen den Großteil ihrer Masse, während Letztere unter anderem für den Strom aus der Steckdose verantwortlich sind. Jedes Element des Periodensystems verfügt nun über eine unterschiedliche Anzahl dieser drei Bausteine, wobei

Elektronen und Protonen bei elektrisch neutralen Atomen in gleicher Anzahl auftreten. Wasserstoff verfügt zum Beispiel über ein Proton als Kern und ein Elektron als Atomhülle. Es lassen sich folgende kurios klingende Aussagen machen: 99 Prozent der Masse eines Atoms befinden sich in seinem Kern, obwohl der Kern 1000 bis 10 000 Mal kleiner ist als das gesamte Atom. Atomkerne haben Ausdehnungen im Femtometerbereich, das sind 0,000000000000001 m = 10^{-15} m. Hätte ein Atom die Größe eines Fußballstadions, entspräche der Atomkern einem Kirschkern auf dem Anstoßpunkt. Es lässt sich also feststellen, dass Materie offensichtlich aus enorm viel leerem Raum besteht. Verschaffen wir uns im Folgenden einen Überblick über die bisher besprochenen Größenordnungen:

10^{+3} m	Städte
10^{+0} m	Menschen
10^{-3} m	Sandkörner
10^{-6} m	Bakterien
10^{-9} m	DNA-Moleküle
10^{-12} m	Atome
10^{-15} m	Atomkerne

Tabelle 1: Größenordnungen bis Femtometer

Ununterscheidbarkeit und Stofflosigkeit

Trotz der atemberaubenden Vielfalt unserer Welt – kein Mensch gleicht dem anderen, kein Tag ist wie der andere, und streng genommen ist jeder einzelne Moment einmalig –, trotz dieser Einmaligkeit lässt sich auf der Ebene der kleinsten Teilchen eine vollkommene Ununterscheidbarkeit konstatieren. Alle Protonen im Universum sind perfekte Kopien voneinander. Das Gleiche gilt für alle anderen Elementarteilchen. Im Übrigen ist das ein großes Glück für die Wissenschaft. Denn so simpel hätte unser Universum gar nicht zu sein brauchen!

Entgegen der Intuition vieler Menschen, dass ein Objekt, um zu existieren, aus einem Stoff bestehen muss, werden wir feststellen, dass der größte Teil der Welt absolut stofflos ist, also keine Masse besitzt. Die Assoziation von Massebehaftetheit mit der Existenz von Objekten entkoppelt sich also auf einer tieferen Ebene. Die Existenz von Masse ist demzufolge nichts Selbstverständliches. Die Antwort auf die Frage, was dafür verantwortlich ist, dass einige Objekte Masse besitzen und andere nicht, liegt eben in diesem Higgs-Mechanismus, um den es in diesem Buch geht. Mehr dazu an anderer Stelle. Übrigens: Wie wir feststellen werden, wird für die Existenz von Teilchen nicht einmal mehr erforderlich sein, dass sie real sind! Auch dieses Paradoxon werden wir aufklären.

Der Teilchen-Zoo

Nun werden die meisten Menschen das Gefühl bekommen, Neuland zu betreten, denn auf der Ebene der Protonen, Neutronen und Elektronen (Letztere sind viel kleiner als Protonen; man vermutet sogar, dass sie punktförmig sind) wurde mithilfe von Experimenten ein regelrechter »Zoo« weiterer Teilchen gefunden. Dieser besteht aus rund 100 verschiedenen Objekten mit vielen bunten Eigenschaften.

Es zeigten sich Teilchen, die fast überhaupt nicht mit dem Rest des Universums reagieren und in gigantischer Anzahl in jeder Sekunde durch die Erde und unsere Körper strömen. Ihre unglaubliche Neutralität verlieh ihnen den Namen Neutrino. Darüber hinaus entdeckte man Teilchen, die um ein Vielfaches leichter oder schwerer als Protonen und manchmal sogar zweifach positiv geladen sind. Einige dieser Objekte scheinen besonders schwere Elektronen zu sein. Verbände sich ein solches sehr schweres Elektron mit einem Proton, so würde das Proton eher um das Elektron kreisen als umgekehrt. Zudem sind Objekte aller Variationen hinsichtlich Ladung, Größe und Gewicht aufgetaucht, die in ihrem Verhalten weder an Protonen noch an Neutronen oder an Elektronen erinnern. Man fand sogar eine ganz neue Art von Materie, die in gewissem Sinne eine gespiegelte oder umgedrehte Version des Materials ist, aus dem unsere Welt besteht: die Antimaterie. Es gibt zu jedem Teilchen einen spiegelverkehrten Partner, der sich in vielen seiner Eigenschaften »umgekehrt« verhält.

Der Spiegelpartner des Protons ist das Antiproton, das genauso schwer und groß wie das Proton, aber negativ geladen ist. Das Elektron korrespondiert mit dem positiv geladenen Positron. Positron und Antiproton können Verbindungen eingehen: So lässt sich im Labor zum Beispiel Antiwasserstoff erzeugen und untersuchen. Die Positronen-Emissions-Tomografie ist sogar ein Beispiel für eine medizinische Anwendung von Antimaterie. Mit diesem exotischen Material lassen sich ganz normale Strukturen aufbauen. Einziges Problem: Kommen Materie und Antimaterie zusammen, so verwandeln sie sich unter einer enormen Lichtexplosion in Energie. Deswegen gehört diese »Spiegelmaterie« auch nicht zu unserer »Welt«. Man vermutet, dass sie am Anfang des Universums zerstrahlte. Es scheint so zu sein, dass es glücklicherweise mehr Materie als Antimaterie im Universum gab, sodass unser sichtbares Universum übrig blieb. Die Ursache dafür ist übrigens noch nicht herausgefunden. Last but not least wurden Teilchen identifiziert, die unsere Sicht darauf, wie Kräfte funktionieren, revolutioniert haben.

Die auffälligste Eigenschaft, die fast alle »Zoobewohner« teilen, und der Grund, warum sie nicht zu unserem Alltag gehören, ist, dass sie bei Weitem nicht länger als einen Wimpernschlag »leben«. Sie zerfallen innerhalb von bis zu 10^{-24} Sekunden in andere Teilchen, die wiederum in andere Teilchen zerfallen. Das vollzieht sich so lange, bis am Ende nur noch stabile Elemente übrig sind. Die meisten dieser stabilen Teilchen kennen wir: Es sind genau die Bausteine, die unseren Alltag ausmachen: Protonen, Neutronen und Elektronen. Der Prozess des Zerfallens ist seltsam und lässt sich nur schwer veranschaulichen. Trotzdem ein Beispiel: Man stelle sich vor, wie das Pausenbrot eines Schulkinds in einem starken Lichtblitz plötzlich in einen Schokoriegel und – sofort im Anschluss – in einen Apfel überginge. Nun vergegenwärtige man sich noch das Gesicht des Schulkinds während beider Übergänge – dann weiß man, wie sich ein Physiker in Anbetracht der Ergebnisse seiner Experimente fühlt. Wir wissen oft nicht, wieso gewisse Dinge im Universum möglich sind, aber wir wissen, dass sie passieren. Man darf sich an dieser Stelle zu Recht fragen, was das nur für ein seltsamer und unbeständiger Stoff sei, aus dem unsere Welt gemacht ist.

Leider wissen wir das nicht. Doch es gibt eine Antwort auf die Frage, wie heutzutage immer noch exotische Materieformen in unserem »langweiligen« Universum entstehen können.

Wie man aus zwei Teilchen einen großen Teilchen-Salat macht

Prallen zwei extrem schnelle, also energiereiche Teilchen aufeinander, so verschmelzen sie in gewisser Weise miteinander und bilden ein Energiepaket. Aus diesem Energiepaket erwächst – wenn es energiereich genug ist – ein ganzer »Salat« von sehr unterschiedlichen und exotischen Teilchen, und allesamt fliegen sie in sämtliche Richtungen davon. Doch genauso schnell, wie sie entstanden sind, zerfallen die meisten von ihnen auch wieder in leichtere Objekte und Energie. Schafft man es, diese Prozesse in unseren Detektoren stattfinden zu lassen, so können wir sie beim Entstehen und Vergehen beobachten.

Die Beständigkeit der Welt, wie wir sie erleben, ist – so gesehen – etwas Ungewöhnliches. (Streng genommen müssen wir Physiker zugeben, dass man sich noch gar nicht sicher darüber ist, ob Protonen wirklich absolut stabil sind. Sie könnten irgendwann zerfallen.) Man fand Regeln, nach denen diese kuriosen Umwandlungsprozesse in der Natur stattfinden. Eine von ihnen ist sehr berühmt, sie lautet: $E = m_0c^2$ und wurde von Albert

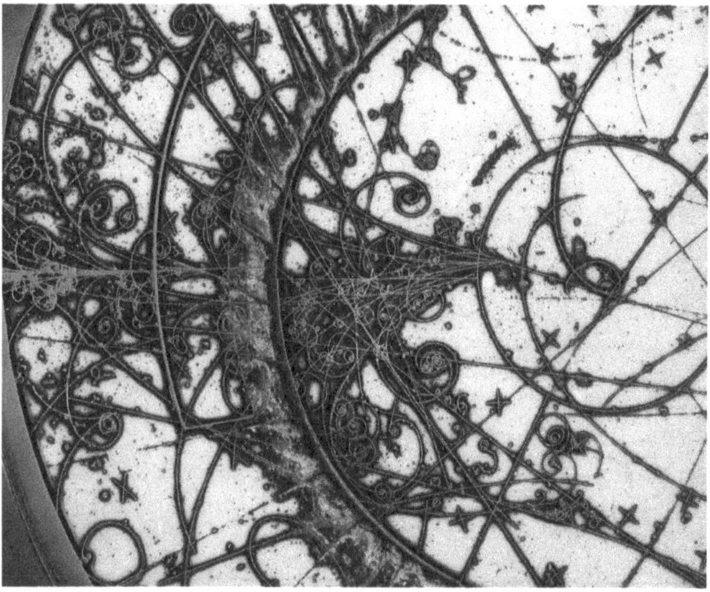

Abbildung 2: Teilchen-Salat. Die spiralförmigen Trajektorien zeigen sehr schön, wie geladene Teilchen innerhalb eines Magnetfeldes durch die Lorentzkraft auf Kreisbahnen gezwungen werden und durch den Energieverlust, den sie bei einer solchen Beschleunigung erfahren, zum Zentrum ihrer Kreisbewegung hin spiralisieren. Je nach Ladung, Masse und Geschwindigkeit der Objekte entstehen unterschiedliche Linien.

Einstein in seiner Relativitätstheorie im Jahr 1905 formuliert. Das c steht für die Lichtgeschwindigkeit und das m_0 für die Ruhemasse eines Körpers – das ist diejenige Masse, die er hat, wenn er sich nicht bewegt. Bewegte Körper besitzen eine größerer Masse. Einsteins Gleichung beschreibt, dass massive Objekte entstehen können, wenn man nur genug Energie E in ein System pumpt. Genügend Energie steht bereit, sobald die Gleichung $m_0 = E/c^2$ erfüllt ist. Über dieselbe Gleichung lässt sich zudem auch die Masse eines Körpers in Einheiten der Energie angeben. Dabei ist es gebräuchlich, das c^2 wegzulassen. Die Masse eines Protons beträgt beispielsweise 938 MeV (eV oder Elektronenvolt ist hierbei eine Einheit der Energie, MeV bedeutet 10^{+6} eV oder eine Million eV).

Die wirklichen Elementarteilchen

1964 nahm man an, dass die meisten der unglaublich vielen neuen Objekte in Wirklichkeit Zusammensetzungen einiger noch viel kleinerer Bausteine sind, die jedoch bis dahin nicht beobachtet worden waren: die Quarks. Diese Teilchen wurden verrückterweise immer noch nicht einzeln detektiert, man geht heutzutage sogar davon aus, dass sie auch niemals isoliert beobachtet werden können. Seltsamerweise treten sie immer nur in Gruppen auf. Nichtsdestotrotz konnte mit dem Quarkmodell sehr erfolgreich Physik betrieben werden, sodass es mittlerweile zum Standardhandwerkszeug eines Physikers gehört.

Die in Abbildung 3 dargestellten Teilchen bilden das »Alphabet des Universums«, wie es der Physiker David

Griffiths elegant formulierte. Unser Higgs-Teilchen befindet sich innerhalb dieses Alphabets rechts oben (mit dem Symbol H) und nimmt sichtbar eine Sonderrolle ein. Um diesen Sachverhalt besser verstehen zu können, widmen wir uns vorerst dem Rest des Modells.

Fermionen

Als Fermionen bezeichnet man – vereinfacht gesagt – alle Teilchen, die Materie aufbauen, wie in Abbildung 3 dargestellt. Die Kästchen im oberen Teil enthalten die sechs verschiedenen Quarks, diejenigen im unteren Teil die sechs sogenannten Leptonen. Unser Universum besteht hauptsächlich aus vier dieser Teilchen. Es sind die vier Objekte mit den Symbolen »u«, »d«, »v_e« und »e«.

Beginnen wir mit demjenigen Bestandteil dieses Modells, den jeder Leser dieses Buchs kennen dürfte: dem Elektron. Es ist das einzige Element des »alten« Weltbilds, das heute immer noch den Status eines Elementarteilchens genießt. Es wird mit dem Symbol »e« gekennzeichnet und steht links bei den Leptonen. Im Kästchen unter dem »e« sieht man das Symbol für jenes geheimnisvolle Teilchen, das sekündlich in astronomischer Zahl unsere Körper durchflutet: das Neutrino (»v_e«). Bei den Quarks findet sich in der ersten Spalte das Up- und das Down-Quark (mit »u« und »d« abgekürzt). Eine Kom-

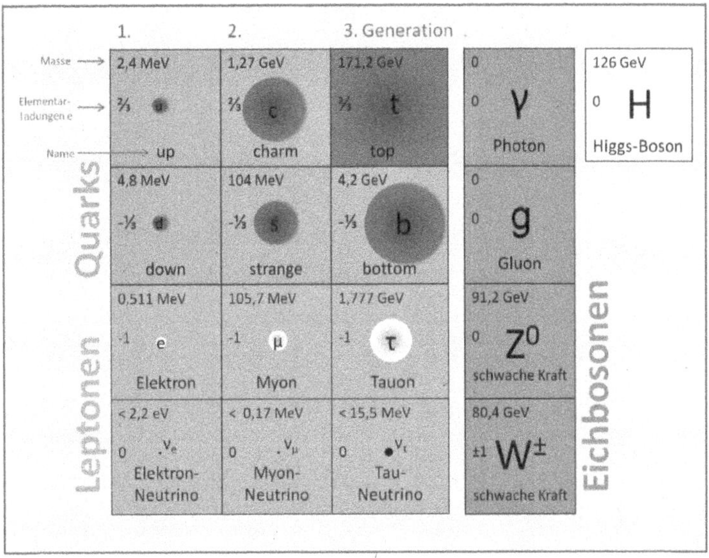

Abbildung 3: Standardmodell der Elementarteilchenphysik

bination dieser Quarks bilden das uns bekannte Proton und das Neutron. Up-Quarks haben eine positive elektrische Ladung von zwei Dritteln der Ladung eines Protons, also +⅔e, Down-Quarks sind mit –⅓e geladen. Ein Proton besteht demnach aus zwei Up-Quarks und einem Down-Quark. Neutronen dagegen haben zwei Down-Quarks und ein Up-Quark, wodurch sich alle positiven und negativen Drittelladungen aufheben. Protonen und Elektronen sind erstaunlicherweise gleich stark, wenn auch entgegengesetzt geladen. Deswegen lässt sich die Ladung eines Protons mithilfe des Symbols für die Ladung des Elektrons angeben, nämlich mit »e«. Um Verwirrung vorzubeugen: »e« wird in der Physik tatsächlich als Symbol für das Teilchen an sich und als Abkürzung für die Ladung eines Elektrons gebraucht. Mithilfe eines »+« oder »–« gibt man im Zweifelsfall an, ob eine positive oder negative Elementarladung gemeint ist. Zur Veranschaulichung der Menge an neuen Informationen soll Abbildung 4 dienen.

Es zeigte sich, dass diese vier Bausteine unserer Welt Verwandte haben, die sich ähnlich verhalten, aber viel schwerer sind. Sie bilden die sogenannte zweite und dritte Generation der Elementarteilchen. In unserer Abbildung 3 sind dies die zweite und dritte Spalte der Quarks und Leptonen.

Das Elektron gehört zur ersten Teilchengeneration und wiegt 0,511 MeV. Es bildet mit den anderen zwei Teilchen in seiner Zeile eine Gruppe, also mit dem Myon (»μ«) mit einer Masse von 105,7 MeV und dem Tauon (»τ«), das sogar 1777 MeV wiegt. Myon und Tauon gehören zur zweiten beziehungsweise dritten Teilchengeneration des Elektrons und sind ebenfalls einfach negativ geladen.

Zu jeder Teilchengeneration der Elektronen gehört eine bestimmte Neutrinogeneration. Das Elektron wird mit dem Elektron-Neutrino in Reaktionen beobachtet, das Myon mit dem myonischen Neutrino (2. Generation) usw. Alle drei Neutrinogenerationen sind elektrisch

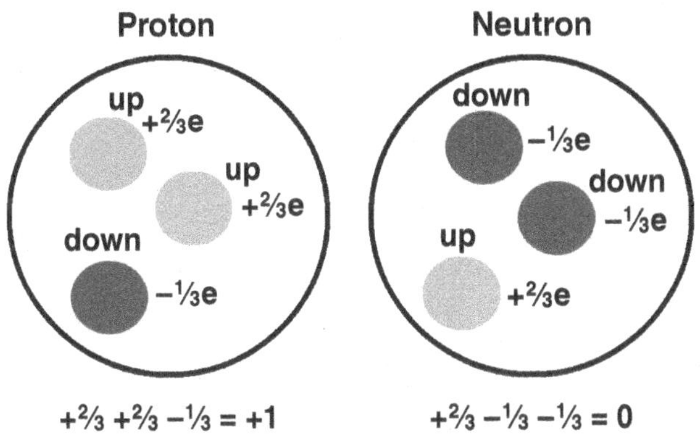

Abbildung 4: Protonen und Neutronen als Quark-Kompositionen

neutral und sehr leicht. Mit heutigen Experimenten konnten bisher lediglich Obergrenzen für ihre Massen festgestellt werden. Das Elektron-Neutrino wiegt beispielsweise weniger als 2,2 eV (zum Vergleich: ein Elektron wiegt 511 000 eV, ein Proton 938 000 000 eV). Neutrinos entstehen zum Beispiel bei Kernfusionsprozessen in unserer Sonne.

Quarks

Die sechs bisher behandelten Teilchen, also die Leptonen, sind Bausteine, die völlig unabhängig von anderen Teilchen existieren und die kleinsten bisher entdeckten

Materieeinheiten darstellen. Quarks hingegen sind nur in Zweier- oder Dreiergruppen Bestandteil der Materie. Im ersten Fall nennt man das entstehende Teilchen ein Meson, im zweiten ein Baryon. Die Quarks und ihre Zusammensetzungen sind die Erklärung dafür, dass es so unglaublich viele kleine Objekte neben den Protonen gibt. Alle aus Quarks bestehenden Teilchen werden Hadronen genannt.

Die Theorie der Quarks ist eine Kuriosität. Sie ordnet den Quarks elektrische Ladungen zu, die nur einem oder zwei Drittel der Ladung einer üblichen Elementarladung entsprechen. Zudem haben Quarks weitere Ladungen, die nicht elektrischer Natur sind. Man nennt sie Farbladungen. Sie werden später im Buch mit jener Kraft in Verbindung gebracht, welche Atomkerne zusammenhält. Farbladungen kommen in drei Versionen vor, die symbolisch mit den Farben Grün, Blau und Rot repräsentiert werden. Zudem gibt es zu jeder Farbladung eine Antifarbladung. Es existieren also beispielsweise grüne und antigrüne Quarks. Treten alle drei Farben oder Antifarben zusammen auf, so sind sie nach außen hin nicht mehr sichtbar. Der Gebrauch von Farben in der Theoriebildung ist nicht wörtlich zu verstehen und wird dadurch motiviert, dass Blau, Rot und Grün zusammen Weiß ergeben. Dasselbe Ergebnis (also Weiß) stellt sich in der Quark-Theorie ebenfalls ein, wenn eine Quark-Farbe mit ihrer Antifarbe verbunden wird. Es gilt: Jedes

Objekt, das aus Quarks besteht, muss nach außen hin »farblos«, also »weiß«, sein. Der Grund: Diese Theorie setzt zwingend die Existenz einer Farbladung voraus, nur leider wurde eine solche noch nie beobachtet. Man vermutet, dass die Welt womöglich so gestrickt ist, dass Farbladungen immer in solcher Weise zusammen auftreten, dass sie von außen betrachtet nicht mehr sichtbar sind. Diese Theorie funktioniert wunderbar!

Die dritte Kuriosität dieser Objekte besteht darin, dass Quarks überhaupt existieren sollen. Abstruserweise besagt die Theorie, dass diese Teilchen nie einzeln beobachtet werden können und immer nur in solchen Anordnungen auftreten, dass keine elektrischen Drittelladungen oder Farbladungen nach außen hin wirksam sind. Das heißt, wir werden diese Teilchen und ihre seltsamen Eigenschaften niemals isoliert betrachten können. Der Grund dafür ist nicht weniger wunderlich. Normalerweise gilt: Je weiter zwei Objekte voneinander entfernt sind, desto weniger haben sie miteinander zu tun. Bei den Quarks ist es genau umgekehrt. Je weiter sie sich voneinander entfernen, desto stärker ziehen sie sich an. Versucht man also zwei Quarks voneinander zu trennen, so werden die Wechselwirkungen zwischen ihnen so gigantisch, dass aus dieser Energie heraus zwei neue Quarks geboren werden. Aus einem Quarkpaar entstehen damit zwei.

Seltsame Theorien sind der Normalfall

Man fragt sich an dieser Stelle zu Recht, wie man auf eine solche Idee kommt, dass die kleinsten beobachtbaren Teilchen in Wirklichkeit aus noch kleineren, nicht beobachtbaren Teilchen bestehen sollen, die ganz seltsame Eigenschaften haben, welche wir niemals zu Gesicht bekommen werden, weil sich diese kleinen Teilchen aus komplizierten Gründen immer gerade so anordnen, dass ihre Besonderheiten verborgen bleiben. Als Physiker kann man hier nur versuchen, beschwichtigend zu wirken: Zahllose Experimente und die Widerspruchsfreiheit des physikalischen Weltbildes erforderten es im Laufe der Wissenschaftsgeschichte, noch viel verrücktere Dinge zu postulieren. Man denke nur daran, dass es heutzutage bereits zur Standardfolklore gehört anzunehmen, dass der Raum zwischen allen Dingen im Universum permanent wächst und sich deswegen so gut wie alle Galaxien von unserer eigenen wegbewegen. Oder man nehme unsere Sonne: Dass sie so hell und schön scheint, erklärt sich die Physik damit, dass die Wasserstoffkerne, die in ihr verschmelzen, in Wirklichkeit nicht nur kleine Kügelchen sind, sondern auch Wasserwellen gleichen. Ein Wasserstoffkern ist beides: der Stein, den man ins Wasser wirft, und die kreisförmige Welle, die daraufhin im Wasser entsteht und sich nach allen Seiten hin ausbreitet. Es kommt noch eine neue Eigenschaft hinzu: Eine Welle auf der Ebene der Quantenobjekte besitzt die Fähigkeit, mit einer gewissen Wahrscheinlichkeit jede Barriere zu durchdringen, so als würde es einen Tunnel geben, der sich gelegentlich für sie öffnet. Dieser Sachverhalt ist als »Tunneleffekt« bekannt und die unumgängliche Voraussetzung dafür, allein schon so etwas Alltägliches wie unsere Sonne zu erklären. Vor diesem Hintergrund fällt es vielleicht auch dem skeptischen Leser leichter, die Seltsamkeit der Quark-Theorie und dessen, was noch folgt, zu akzeptieren. Setzen wir unsere Ausführungen also fort.

So wie Leptonen treten Quarks rätselhafterweise in drei Generationen auf. Das Up-Quark hat die viel massereicheren Verwandten mit den Namen Charm- und Top-Quark (»c« und »t« in Abbildung 3). Alle drei tragen elektrische Ladungen von $+\frac{2}{3}e$. Das Down-Quark ist mit dem Strange- (»s«) und dem Beauty-Quark (auch Bottom-Quark genannt) (»b«) verwandt. Ihre elektrische Ladung beträgt $-\frac{1}{3}e$.

In Wirklichkeit sind es mehr …

Bevor wir uns der Rolle der restlichen Teilchen des Standardmodells widmen, insbesondere derjenigen des Higgs-Teilchens, ist es Zeit, eine Zwischenbilanz zu ziehen und zu resümieren, wie viele Elementarteilchen es gibt. Abbildung 3 ist in Wirklichkeit unvollständig, sie muss erweitert werden, um auch die Existenz von Antimaterie zu erfassen. Da Antimaterie eine Art Spiegelbild gewöhnlicher Materie darstellt, gibt es zu jedem Quark und jedem Lepton ein Spiegelteilchen. Neben den insgesamt zwölf Quarks und Leptonen finden sich also genauso viele Antiquarks und Antileptonen, was eine Zahl von 24 Teilchen ergibt. Wir haben jedoch etwas vergessen: Weil jedes Quark drei verschiedene Farben oder Antifarben haben kann, erhöht sich die zuvor berechnete Zahl auf 48 Quarks und Leptonen. Hinzu kommen die bisher nicht besprochenen Teilchen des Standardmodells: »γ«, »g«, »z« und »w«, die insgesamt mit zwölf zu Buche schlagen. Das liegt daran, dass diese Austauschteilchen mit verschiedenen Ladungen und Farbkonfigurationen auftreten. Die Krönung, aber nicht das Schlusslicht der Auflistung, bildet das Higgs-Teilchen, von dem mindestens eines da sein sollte. Daraus ergibt sich eine absurd hohe Anzahl von Elementarteilchen, nämlich mindestens 61!

Als wäre das nicht genug, müssen wir noch weitere Teilchen voraussetzen, von denen wir noch nichts wissen. Aus ihnen setzt sich die Dunkle Materie zusammen. Wir glauben das deshalb, weil die bekannte Materie in unserem Universum sich so verhält – das sieht man sehr deutlich am Drehverhalten von Galaxien –, als gäbe es da draußen einen gigantischen Vorrat an Material, das sich uns nur in einer einzigen seiner Eigenschaften zeigt: seiner Schwerkraft.

Bis die Liste der Elementarteilchen abgeschlossen ist, könnte also noch viel Zeit vergehen. Möglicherweise werden wir die letzten Geheimnisse des Universums nie lüften. Ein Grund dafür ist, dass wir Menschen letztendlich auf unser »Aquarium« begrenzt sind, ein anderer vielleicht, dass das Universum die Eigenschaft haben könnte, dass einige seiner Rätsel nicht mit den Mitteln, die das Universum selbst bereitstellt, gelöst werden können. Auch hierzu gibt es Beispiele: das Innere von Schwarzen Löchern oder die Größenbestimmung von Elektronen oder Quarks, um nur einige zu nennen.

Was hält die Welt im Innersten zusammen?

Diese von Johannes Kepler im 16. Jahrhundert formulierte Frage soll uns zu den letzten Teilchen der Abbildung 3 leiten. Es gilt die Frage zu beantworten, welche Kräfte zwischen den Bestandteilen des Universums wirken.

Aus unserem Alltag kennen wir Kräfte wie die Schwerkraft, elektrische Abstoßungs- oder Anziehungskräfte und magnetische Kräfte, auf denen etwa die Funktionsweise des Kompasses basiert. Aus der Schulzeit weiß man vielleicht noch, dass sich Kräfte über große

Räume ausbreiten können und man sie mithilfe von Feldlinien visualisieren kann. Ein solches Feldlinienbild zeigt Richtung und Stärke einer Kraft an verschiedenen Orten um die Kraftquelle herum an. Das Feldlinienbild eines Stabmagneten ist in Abbildung 5 zu sehen.

Doch woher wissen die Teilchen eigentlich voneinander? Die Antwort finden wir in der ganz rechten Spalte von Abbildung 3, in der die Symbole »γ«, »g«, »z« und »w«, die sogenannten Austauschteilchen, aufgelistet sind. Diese Objekte sind in gewisser Weise »Botschafter« zwischen den Bausteinen der Materie. Sie vermitteln Kräfte und werden in der Physik Bosonen genannt.

Die Gravitation

Man unterscheidet in der modernen Physik zwischen vier Grundkräften. Die Schwerkraft ist eine Kraft, die zwischen allen massebehafteten Teilchen wirkt. Obwohl sie die einzige Kraft ist, die Einfluss auf die Struktur des Universums hat (Galaxienbildung, Entstehung von Sonnensystemen), wird sie in der Elementarteilchenphysik vernachlässigt. Der Grund: Sie ist im Vergleich zu den anderen Kräften fast unendlich schwach. Man nehme nur den Apfel, der Newton bekannterweise auf den Kopf fiel: Hätte Newton diesen Apfel aufgehoben, um ihn zu bewundern, so hätte sich seine Muskelkraft gegen

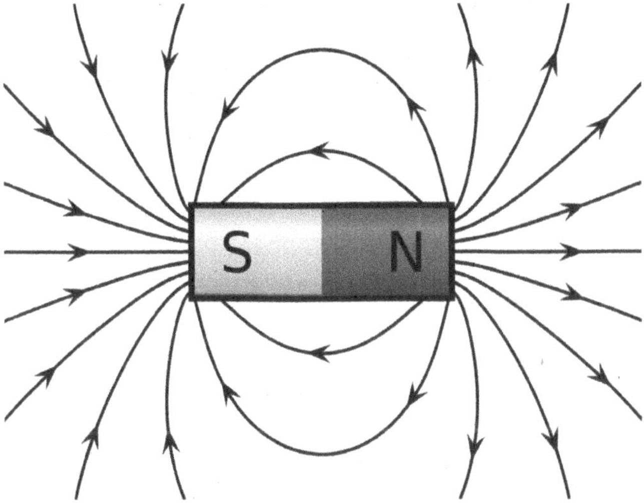

Abbildung 5: Feldlinien eines Stabmagneten

die Schwerkraft der gesamten Erde durchgesetzt. Dies ist möglich, da die Arbeit von Muskeln auf elektrischen Kräften basiert. Bildhaft könnte man sich den Vergleich der Stärke der Gravitation mit der stärksten der vier bekannten Kräfte, der sogenannten starken Kernkraft, so vorstellen: Entsprächen der Gravitation und der starken Kernkraft zwei Gewichtsstücke (des gleichen Materials), die man auf die zwei Schalen einer Balkenwaage legte, so wäre das der Schwerkraft entsprechende Gewichtsstück so groß wie ein Proton, während das Pendant der starken Kernkraft die Größe des gesamten bekannten Universums hätte.

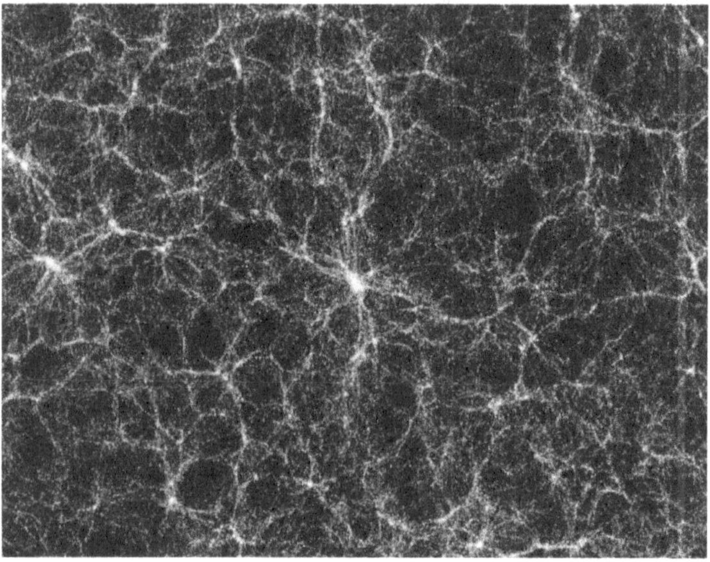

Abbildung 6: Kosmisches Netz

Man nimmt an, dass gewisse Teilchen namens Gravitonen die Vermittlung der Schwerkraft übernehmen, man konnte sie aber noch nicht nachweisen. Warum die Gravitationskraft im Vergleich zu allen anderen Kräften so unfassbar schwach ist, bleibt ein ungelöstes Rätsel der Physik.

Für die großräumige Struktur des Universums ist allein die Gravitationskraft von Bedeutung, da sie nicht abschirmbar ist. Abbildung 6 zeigt eine Simulation der Verteilung von Galaxien im Universum. Es handelt sich um die sogenannte Millennium-Simulation eines internationalen Astrophysikerteams unter Leitung von Forschern des Max-Planck-Instituts für Astrophysik in Garching bei München. Sie ist die weltweit größte Simulation des Wachstums kosmischer Strukturen und liefert ein detailliertes Modell für die Entstehung von Galaxien und supermassiven Schwarzen Löchern.

Die elektromagnetische Kraft

Elektrische und magnetische Kräfte werden in der modernen Physik als zwei Facetten einer einzigen Kraft beschrieben: der elektromagnetischen Kraft. Mit den »Botschaftern« dieser Kraft hat jeder Mensch jeden Tag zu tun – den Lichtteilchen, den Photonen. Sie werden durch das »γ« in Abbildung 3 repräsentiert.

Die elektromagnetische Kraft wirkt nur zwischen Teilchen mit einer elektrischen Ladung. Damit wirkt sie zum Beispiel zwischen allen Quarks, aber nicht immer zwischen ihren Kompositionen, den Hadronen. Zwischen Protonen und Neutronen gibt es beispielsweise keine elektromagnetischen Kräfte. Neutrinos springen ebenfalls nicht auf Photonen an. Wie in der Geschichte mit Newtons Apfel beschrieben, sind elektromagnetische Kräfte so stark, dass man sich darüber wundern muss, warum nicht alle Atomkerne mit mehr als einem

Abbildung 7: Nikola Teslas Labor in Colorado Springs, Dezember 1899. An Tesla-Transformatoren liegt eine solch hohe Spannung an, dass die umgebende Luft ionisiert wird und elektrische Entladungen, vergleichbar mit Blitzen, auftreten.

Proton im Kern auf der Stelle explodieren. Der Mechanismus, der eben das verhindert und somit die Welt im Innersten zusammenhält, ist die besagte starke Kernkraft.

Die starke Kernkraft

Wie der Name schon besagt, ist die Reichweite dieser Kraft auf Abstände der Größenordnung eines Atomkerns beschränkt (also 10^{-15} m). Dafür ist dieser Mechanismus jedoch dermaßen mächtig, dass er alle anderen Kräfte in den Schatten stellt. Das dazugehörige vermittelnde Teilchen ist das Gluon (mit »g« in Abbildung 3 bezeichnet). Die starke Kraft wirkt nur zwischen Objekten, die eine Farbladung besitzen. Somit kommt sie

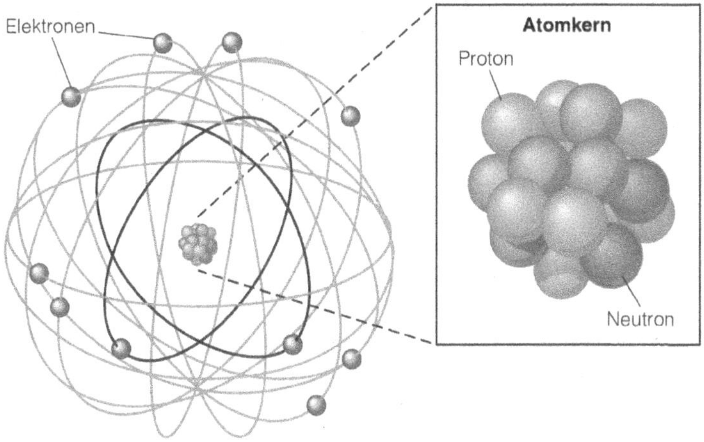

Abbildung 8: Atomkern. Protonen und Neutronen liegen dicht nebeneinander im Atomkern. Zusammengehalten werden sie durch das starke Bindungsvermögen der Gluonen, die permanent zwischen ihnen ausgetauscht werden.

zwischen allen Quarks und sämtlichen Teilchen, die sich aus ihnen zusammensetzen, zum Zug. Es gibt jedoch eine Bedingung: Die Objekte müssen sich einander stark genug nähern, damit die starke Kraft »zuschnappt«.

Die schwache Kernkraft

Mit dieser Kraft werden unter anderem radioaktive Zerfälle erklärt. Sie wirkt ebenfalls nur zwischen Objekten, die sich sehr nahe kommen. Die Austauschteilchen der schwachen Kraft sind das Z^0-Teilchen (wobei die hochgestellte 0 dafür steht, dass dieses Objekt keine elektrische Ladung trägt) und das positiv oder negativ geladene W-Teilchen. Das soll uns an dieser Stelle genügen. Abbildung 9 illustriert einen möglichen Prozess, bei dem radioaktive Substanzen über die schwache Kernkraft Strahlung freisetzen.

In diesem sogenannten Feynman-Diagramm ist der Prozess des Zerfalls eines Neutrons in ein Proton dargestellt. Die eingezeichnete Achse stellt den Zeitpfeil dar. Zu sehen sind die drei Quarks, aus denen das Neutron aufgebaut ist (ein Up- und zwei Down-Quarks). An einer Stelle strahlt ein Down-Quark ein W-Boson aus und verwandelt sich dabei in ein Up-Quark, welches nun mit den zwei anderen, unveränderten Quarks ein Proton bildet. Da das Proton positiv geladen ist, er-

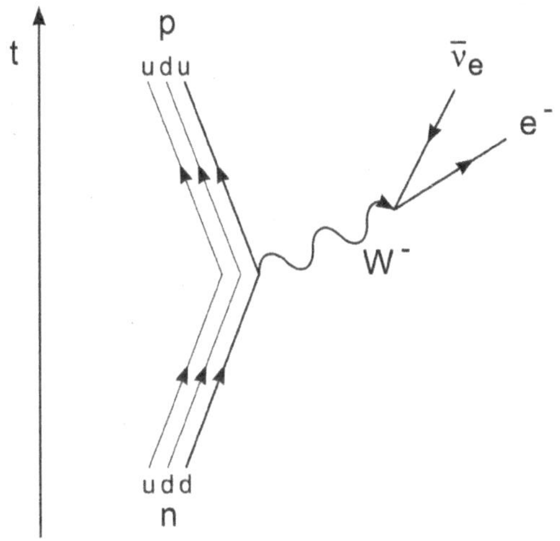

Abbildung 9: Beta-Zerfall

fordert es das Prinzip der Erhaltung der Gesamtladung, dass das W-Boson negativ sein muss, damit man auf eine Gesamtbilanz von Null kommt. In einem weiteren Schritt zerfällt das W-Teilchen in ein Elektron und ein Antineutrino. Dies ist aufgrund weiterer Erhaltungsgrößen in der Natur notwendig (Erhaltung der elektronischen Leptonenzahl). Der Grund dafür, dass dieser Prozess nur über die schwache Wechselwirkung stattfinden kann, ist: Neutrinos tragen weder elektrische noch Farbladungen, weshalb dieser Vorgang nicht mit dem Austausch von Photonen oder Gluonen erklärt werden kann.

Abschließend sei konstatiert, dass es einen Unterschied zwischen den Austauschteilchen der starken und elektromagnetischen Kraft auf der einen Seite und denjenigen der schwachen Kraft auf der anderen Seite gibt. Z^0- und W-Teilchen besitzen eine Masse, während Photonen und Gluonen völlig masselos sind. Dieser Sachverhalt ist ein weiterer Hinweis darauf, dass ein Mechanismus existieren muss, der solche Unterschiede erklärt. Dies bringt uns dem Higgs-Teilchen wieder einen Schritt näher.

Austauschteilchen

Nun geht es ans Eingemachte: Was hat es mit diesen »Vermittlern« auf sich? Woher kommen sie? Und wie lassen sie zwei Teilchen von der Existenz des jeweils anderen wissen? Um die diesen Austauschteilchen zugrunde liegende Idee zu verstehen, stelle man sich folgende Szene vor: Bekommt man einen Tennisball gegen den Kopf geworfen, so kann man meistens ziemlich genau sagen, woher der Ball kam und wie stark die Person wohl ist, die ihn warf. Man hat genug Informationen, um zu entscheiden, ob man sich mit dem Ballwerfer anlegen möchte oder nicht. In gewissem Sinne ist der Tennisball hier ein Austauschteilchen.

Auf eine solche Weise arbeiten die Vermittler der vier

physikalischen Grundkräfte. Sie entstehen zwischen zwei Objekten und werden von ihnen absorbiert. Der Unterschied zum Tennisball besteht darin, dass der Ball ein real existierendes Objekt ist und durch nichts seiner Existenz beraubt werden kann. Austauschteilchen dagegen existieren in einer Art Grauzone zwischen Sein und Nicht-Sein. Das verleiht ihnen den Status sogenannter virtueller Teilchen.

Wie das sein kann, soll im Folgenden dargelegt werden – doch zuvor noch ein Hinweis: Die hier präsentierten Vorstellungen über das Geschehen auf der Ebene der allerkleinsten Objekte sind eine Veranschaulichung der abstrakten und unanschaulichen mathematischen Strukturen, anhand derer bisher sehr viele Beobachtungen mit einem einzigen Modell erklärt werden konnten. Physikalische Modelle sind abstrakte Mathematik. Das heißt, man muss sie oft vereinfachen, wenn man sie sich halbwegs vorstellen will. Dadurch verlieren die Modelle allerdings auch an Präzision, und der Gültigkeitsbereich ihrer Aussagen schrumpft. Selbstverständlich steht es jedem Menschen frei, die funktionierenden Formeln so zu verbildlichen, wie sie für ihn selbst am meisten Sinn ergeben. Übrigens beruht das hier vorgestellte Konzept von virtuellen Teilchen auf dem Unschärfeprinzip des Physikers Werner Heisenberg:

$$\Delta E \cdot \Delta t \geq \hbar/2$$

Man kennt dieses Prinzip vielleicht als Aussage darüber, dass Ort und Impuls eines Teilchens nicht gleichzeitig genau messbar sind. Kennt man eine dieser Größen genau, so wird die andere unpräzise. Eine ebensolche Aussage lässt sich über die Schwankung der Energie eines Teilchens und die Zeit, während der seine Energie gemessen wird, machen. Genauer gesagt: Das Produkt aus Energieschwankung und Zeit unterschreitet nie den Wert $\hbar/2$. Dies ist ein Wert, der sich auf $5{,}27 \cdot 10^{-35}$ Js beläuft ($\hbar$ ist das Planck'sche Wirkungsquantum h geteilt durch 2π). Die Möglichkeiten, die aus dieser Energieunschärfe resultieren, sind atemberaubend.

Bleibt die Zeit Δt nur kurz genug, so kann innerhalb der daraus entstehenden Energieunschärfe ein Teilchen der Energie ΔE entstehen, ohne dass das Universum dauerhaft von dessen Existenz »wüsste«. Die Heisenberg'sche Unschärferelation stellt also eine Art Hintertürchen dar, die dem Universum erlaubt, seine eigenen Gesetze und Erhaltungssätze ein wenig zu beugen. Es wird im Universum nicht als Regelverstoß gewertet, wenn etwas aus dem Nichts entsteht, eine Information überträgt und wieder zu nichts zerfällt. Das ist die Funktionsweise von Kräften!

Woher virtuelle Teilchen kommen, ist vom Typ her die gleiche Frage wie diejenigen, woher Materie und Energie stammen oder warum das Universum existiert. Darauf weiß die Physik keine Antwort. Jedoch lässt sich feststellen, dass es ohne ein Prinzip wie die Heisenberg'sche Energieunschärfe schwer erklärbar wäre, wie die nötige Energie für das Aufkommen von Vermittlerteilchen aufgebracht werden könnte. Wem das zu unglaubwürdig erscheint, der möge sich von folgendem Experiment überzeugen lassen.

Der Casimir-Effekt

Die seltsame Existenzform von virtuellen Teilchen zeigt sich deutlich im Casimir-Effekt: Stellt man zwei elektrisch leitende Platten parallel zueinander im Vakuum auf, lässt sich beobachten, dass sie sich anziehen. Die Kraft, die beide Platten zusammenpresst, kann jedoch auf keine bekannte Größe zurückgeführt werden. Es gibt trotzdem eine Erklärung, die genauso simpel wie absurd erscheint: Aufgrund der Heisenberg'schen Energieunschärfe ist das Vakuum in Wirklichkeit gar kein Vakuum, sondern gefüllt mit virtuellen Teilchen, die andauernd entstehen und vergehen. Und noch mehr: Das Vakuum zwischen den Platten erweist sich als ein anderes Vakuum als dasjenige außerhalb der Platten. Der Grund: Die Wellennatur von Quantenobjekten bringt es mit sich, dass jedes Teilchen über eine Wellenlänge verfügt. Eine Wellenlänge ist der Abstand zwischen zwei Wellenbergen, wie man sie bei Wasserwellen beobachten

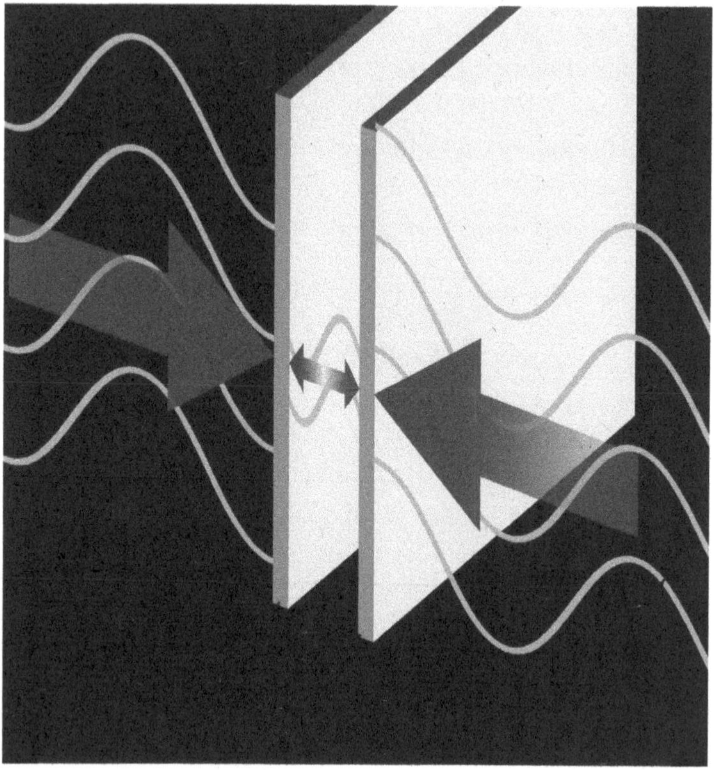

Abbildung 10: Der Casimir-Effekt. Vakuumfluktuationen sind Schwankungen des Vakuums um die Energie null herum. So entstehen und vergehen andauernd Teilchen.

kann. Die elektrische Leitfähigkeit der Platten bewirkt nun, dass sämtliche virtuelle Photonen (also Lichtteilchen), deren Wellenstruktur nicht genau zwischen die beiden Platten passt, von den Platten absorbiert werden. Die Konsequenz daraus ist, dass sich zwischen den Platten zahlenmäßig weniger Wellenstrukturen einstellen können als außerhalb der Platten, wo es keine Begrenzungen gibt. Das äußere Vakuum ist also vielfältiger und reichhaltiger als das dazwischenliegende. Der Effekt: Der Druck der virtuellen Photonen außerhalb der Platten ist größer als derjenige zwischen den Platten. Sie werden zusammengedrückt.

Virtuelle Teilchen nehmen folglich einen besonderen Platz in unserem Universum ein, einen Platz zwischen »Leben und Tod«, wenn man so will. Sie sind dem »Leben« zu nahe, um keine Spuren zu hinterlassen, und doch zu »tot«, um eine greifbare Präsenz darzustellen.

Transferiert man jedoch nur genug Energie in ein System oder einen Raum, so können diese virtuellen Teilchen die Schwelle zur Existenz überschreiten und verfangen sich in unseren Detektoren. Dies ist der Grund dafür, dass erst so ein gigantischer Apparat wie der Large Hadron Collider gebaut werden musste, um das Higgs-Teilchen nachzuweisen. Während es als virtuelles Teilchen unbemerkt im Hintergrund arbeitet, hat es – sobald es die Schwelle zur Existenz überschreitet – eine Masse von circa 126 GeV. Das entspricht rund 126 Protonenmassen. Richtiger wäre es zu sagen, dass das Higgs-Teilchen eine Anregung des Higgs-Feldes ist, das im Hintergrund arbeitet.

Zusammenfassung

Woraus besteht also Materie? Der größte Teil davon besteht aus etwas, das wir Raum nennen. Was Raum genau ist, bleibt noch zu klären. Zumindest ist er nicht einfach nur ein Hintergrund, sondern er kann sich dehnen und krümmen. Zusammen mit dem, was wir Zeit nennen, bildet er ein Geflecht, das im Extremfall eine Sekunde zu 100 Jahren verzerren kann.

An jedem Punkt dieses Raumes entstehen und vergehen in jeder Sekunde Teilchen, die gar nicht da sein dürften und die im Grunde genommen gar keine solchen Teilchen sind, wie wir sie aus dem Alltag kennen.

Materie ist an Masse geknüpft. 99 Prozent der Masse eines Atoms stecken im Kern. Und 99 Prozent der Masse des Kerns entsprechen gar nicht der Masse seiner Bestandteile, sondern sind ein Effekt der Wechselwirkungsenergie seiner Quark-Bausteine. Man muss sich das einmal auf der Zunge zergehen lassen: Was wir also in Wirklichkeit anfassen, wenn wir unser Bierglas heben, ist die manifestierte Energie der Wechselwirkungen, die seine ultraleichten Bestandteile aufeinander ausüben. Auf diese Weise entsteht der größte Teil der Masse eines Körpers. Das Gleiche gilt für das gesamte sichtbare Universum.

Was unerklärlich bleibt: Von den rund 1000 MeV eines Protons entfallen gerade einmal 15 MeV auf seine drei Quarks. Ohne diesen kleinen »Rest« an Masse gäbe es keine Galaxien, Sterne oder Planeten. Erst diese 15 Einheiten an Masse verwandeln einen strukturlosen Energiebrei in ein Universum, wie wir es heute beobachten und bestaunen können. Von Raum und Energie allein ließe sich schlecht leben. Doch woher stammt dieser kleine Rest, der den großen Unterschied ausmacht?

Und hier kommt er ins Spiel, der Higgs-Mechanismus! Er ist es, der unsere Welt davor bewahrt, in Raum und Energie zu zerfließen. Er verleiht den Quarks, Leptonen und einigen Bosonen Masse und lässt sie so »zur Ruhe kommen«. Masselose Teilchen können sich nämlich nur mit Lichtgeschwindigkeit bewegen, was eine sehr schlechte Rahmenbedingung für die Entstehung von Strukturen ist.

Nun haben wir unser Ziel in einer ersten Annäherung ins Visier genommen. Dabei ist interessant zu beobachten, dass von den großen Mengen an verschiedenen Teilchen, die auf jeder Ebene der Größenskala existieren, jeweils immer nur ein verschwindend kleiner Bruchteil nötig ist, um die Welt, in der wir leben, aufzubauen.

Gleichwohl hat das physikalische Weltbild – so selbstsicher es daherkommen mag – auch seine Schwächen. Man mag den Eindruck gewinnen, dass viel erklärt worden ist. Die Welt bestehe aus Protonen, Elektronen, positiven wie negativen Ladungen – im Grunde genommen einfach aus einer gewaltigen Menge Energie in verschiedenen Formen. Aber was ist Energie? Und was genau soll denn eine elektrische Ladung sein? Welche Form der Existenz hat sie, und warum sind Protonen und Elektronen exakt gleich stark geladen? Ein Proton besteht aus drei Quarks, ein Elektron hingegen wird als Punktteilchen angenommen, und trotzdem passen sie perfekt zusammen. Wie kann das sein? Warum kommen Quarks und Leptonen in drei Generationen vor, und woher stammen sie letztendlich?

Zu viele solcher Fragen lassen sich nur schlecht oder gar nicht mit den Mitteln der Physik beantworten. Das moderne physikalische Weltbild arbeitet mit abstrakten Definitionen, Zahlen und Relationen. Seine Antworten und Erklärungen können daher als sehr unbefriedigend und unvollständig empfunden werden.

Nichtsdestotrotz liefert uns die Naturwissenschaft atemberaubende Erkenntnisse: Der Higgs-Mechanismus verleiht den Quarks und Leptonen ihre Ruhemasse. Später im Buch werden wir sehen, dass zu diesem Mechanismus unser Higgs-Teilchen und ein sogenanntes Higgs-Feld gehören. Genau genommen ist es das Higgs-Feld, das die Ruhemasse der Materiebausteine erzeugt. Wie es das exakt macht, ist noch nicht geklärt – wir wissen jedoch, dass es seine Arbeit ziemlich gut verrichtet. Würde das Higgs-Feld den Quarks nur einen kleinen Bruchteil weniger oder mehr Masse verleihen, so wäre intelligentes Leben im Universum niemals möglich gewesen!

Abbildung 11: »Die Form des Himmels« nach Camille Flammarion. Kolorit: Hugo Heikenwaelder. »Ein naiver Missionar des Mittelalters erzählt sogar, dass er auf einer seiner Reisen auf der Suche nach dem irdischen Paradiese den Horizont erreichte, wo der Himmel und die Erde sich berühren, und dass er einen gewissen Punkt fand, wo sie nicht verschweißt waren, wo er hindurch konnte, indem er die Schultern unter das Himmelsgewölbe beugte…« (Camille Flammarion: *L'Atmosphère*, Paris 1888, Seite 162).

Sämtliche Naturkonstanten des Universums sind dermaßen fein »auf Leben eingestellt«, dass selbst kleinste Änderungen an nur einer einzigen von ihnen unsere Welt sofort in einen unbewohnbaren Ort verwandeln würden. Es ist höchst beeindruckend, welch allumfassende haargenaue Feinabstimmung im Universum beobachtet werden kann. Es ist so spannend wie bitter, dass der Grund dafür unbekannt ist und vielleicht auch immer unbekannt bleiben wird.

Treffen sich zwei Protonen …

Judith Selig

Wir befinden uns in der malerischen Schweiz an der Grenze zu Frankreich. Hier, in der Nähe von Genf, liegt das kleine, unscheinbare Städtchen Meyrin. Auf den ersten Blick nichts Besonderes. Niemand würde vermuten, dass hier die schnellste Rennbahn der Welt zu finden ist. Gebaut wurde sie von der Europäischen Organisation für Kernforschung, CERN (**C**onseil **E**uropéen pour la **R**echerche **N**ucléaire), und sie hat die Anlage gut versteckt. Genauer gesagt: vergraben. Die Rennstrecke befindet sich gut hundert Meter unter der Erde. Es ist ein Rundkurs mit einer Länge von fast 27 Kilometern. Die Bahn besteht aus acht Kreisbögen, zwischen die man acht gerade Stücke gesetzt hat. Sie ist also kein perfekter Kreis.

So etwas ist nicht ganz billig. Fünf Milliarden Schweizer Franken hat das Projekt gekostet, das sind etwa drei Milliarden Euro. Für so viel Geld kann man mehr als nur eine Rundstrecke unter die Erde schaffen. Zum Beispiel den größten Kühlschrank der Welt. Dazu braucht man noch 40 000 Leitungen, von denen keine einzige auch nur das kleinste Leck haben darf, denn durch sie fließen 120 Tonnen flüssiges Helium als Kühlmittel. Damit befindet sich dort auch der kälteste Ort im ganzen Universum.

Mithilfe des Heliums wird der gesamte Komplex auf –271 °C (2 Kelvin) abgekühlt, das sind gerade einmal zwei Grad über dem absoluten Nullpunkt. Die kleinste Temperatur, die überhaupt erreicht werden kann, beträgt –273 °C (0 Kelvin). Im Weltall hat es dagegen im Durchschnitt noch lauschige –270 °C (3 Kelvin). Einen Namen braucht das Ganze natürlich auch noch. Man nennt es **L**arge **H**ardron **C**ollider (LHC), zu Deutsch: Großer Hadronen-Speicherring.

Da stellt sich die Frage: Wer oder was bewegt sich auf dieser unterirdischen Bahn in so einer Eiseskälte? Die Antwort: Protonen, also die positiv geladenen Kerne von Wasserstoffatomen. Wenn sie ihre maximale Geschwindigkeit erreicht haben, bewegen sie sich mit 99,9999991 Prozent der Lichtgeschwindigkeit. Das bedeutet, dass die Protonen pro Sekunde 11 245 Runden auf dem Kurs drehen. Wie gesagt, es ist die schnellste Rennbahn der Welt.

Bei diesen hohen Geschwindigkeiten geben Physiker lieber die Energie der Teilchen als deren Geschwindigkeit an. Das hat mit der Speziellen Relativitätstheorie zu tun. Diese besagt, dass sich nichts, was eine Masse hat, mit 100 Prozent Lichtgeschwindigkeit bewegen kann. Man kann also unendlich viel Energie in ein Proton stecken, es wird aber nie Lichtgeschwindigkeit erreichen. Deswegen ändert sich bei hohen Energien die Geschwindigkeit nur noch minimal. Ein Proton mit einer Energie von 450 Gigaelektronenvolt (GeV) bewegt sich mit 99,9997828 Prozent, eines mit einer Energie von 7000 GeV (7 TeV) mit 99,9999991 Prozent der Lichtgeschwindigkeit. Ein Elektronenvolt (eV) ist die Energie, die ein Proton oder ein Elektron erhält, wenn es eine Spannung von 1 Volt durchläuft.

Zurück zum LHC: Zuerst werden die Protonen durch mehrere kleinere Ringe geschickt, in denen sie auf ihre endgültige Geschwindigkeit beschleunigt werden. Dann erst dürfen sie in den großen Tunnel. Dort laufen zwei Teilchenstrahlen in gegenläufiger Richtung im Kreis und werden an bestimmten Stellen zur Kollision gebracht. 9593 Magnete sind nötig, um die Teilchen auf ihren Bahnen zu lenken und zu fokussieren.

Natürlich muss verhindert werden, dass die Protonen mit anderen Teilchen zusammenstoßen und so wieder abgebremst werden. Deshalb wird in der Röhre ein Vakuum erzeugt, indem die ganze Luft aus dem Parcours herausgepumpt wird. Dann befinden sich in den Beschleunigerringen weniger Teilchen als im Raum zwischen den Planeten. Es ist also nicht nur der kälteste, sondern auch der leerste Ort unseres Sonnensystems.

Die Protonen erhalten durch die Beschleunigung eine maximale Energie von 7 TeV (Teraelektronenvolt). Prallen zwei Strahlen mit dieser Energie aufeinander, so hat man eine Kollisionsenergie von 14 TeV. 1 TeV entspricht in etwa der Bewegungsenergie einer Mücke im Flug. Das klingt erst einmal nicht nach besonders viel. Selbst wenn man in die Hände klatscht, erzielt man höhere Kollisionsenergien. Die Auswirkungen sind aber anders, weil sich die Energie auf die gesamte Handfläche verteilt. Bei der Protonenkollision ist die Energie hingegen viel konzentrierter. Das kann man sich leicht vor Augen führen, indem man sich den Schmerz beim Händeklatschen vorstellt und mit demjenigen vergleicht, wenn man mit gleicher Kraft auf eine Nadelspitze haut.

Am LHC ist die Energie der Protonen auf einen Bereich konzentriert, der ungefähr eine Billion Mal kleiner ist als eine Mücke. So lassen sich ganz andere Ergebnisse erzielen, als wenn zwei Mücken gegeneinanderfliegen. Diese Energien wurden vorher von keinem anderen Beschleuniger erreicht.

Die Protonen durchlaufen den LHC nicht einzeln, sondern in Teilchenstrahlen. Jeder Strahl besteht aus fast 3000 Teilchenpaketen, von denen jedes etwa 100 Milliarden Protonen enthält. Die maximale Gesamtenergie jedes Strahls beträgt etwa 350 Millionen Joule. Diese Energie würde genügen, um einen 400 Tonnen schweren ICE auf eine Geschwindigkeit von 150 Kilometer pro Stunde zu beschleunigen oder 500 Kilogramm Kupfer zu schmelzen. Insgesamt kann ein Teilchenstrahl bis zu zehn Stunden im großen Speicherring verbleiben. Dabei überwinden die Protonen eine Strecke von 10 Milliarden Kilometern. Das ist etwa so weit wie einmal zum Planeten Neptun und zurück. Pro Tag werden nur zwei Milliardstel Gramm Wasserstoff beschleunigt. Ein Gramm Wasserstoff reicht also aus, um den LHC eine Million Jahre zu betreiben.

Alternativ kann der LHC auch Blei-Ionen beschleunigen. Sie bestehen aus vielen Protonen und Neutronen und sind deshalb auch um ein Vielfaches schwerer als Protonen. So lässt sich eine noch größere Kollisionsenergie von bis zu 1150 TeV erreichen. Bei einer Blei-Blei-Kollision entstehen Temperaturen von zehn Billiarden °C. Das ist 100000 Mal heißer als die Sonne. Damit ist der LHC gleichzeitig der heißeste und der kälteste Ort unserer Galaxie.

Bleibt noch die Frage: Wozu der ganze Aufwand?

Das Standardmodell der Teilchenphysik, in dem alle Elementarteilchen und Wechselwirkungen zusammengefasst sind, gibt noch einige Rätsel auf, die am LHC geklärt werden sollen. So weiß man nicht, woher die Teilchen ihre Masse haben und warum einige sehr schwer und andere hingegen masselos sind. Das Higgs-Modell könnte diesbezüglich Licht in die Dunkelheit bringen. Deshalb wird am LHC nach dem Higgs-Boson gesucht, dessen Existenz die Theorie beweisen würde.

Im Standardmodell fehlt zudem noch eine einheitliche Beschreibung aller Kräfte. Ein großer Schritt auf dem Weg dorthin wäre eine Bestätigung der Theorie der Supersymmetrie, genannt SUSY. Sie sagt voraus, dass es zu jedem bekannten Teilchen des Standardmodells einen supersymmetrischen Partner gibt. Wenn solche Teilchen wirklich existieren, müssten sie laut Theorie sehr schwer sein. Das Projekt am LHC sollte es ermöglichen, zumindest die leichtesten unter ihnen zu finden.

Theorien wie die Stringtheorie sagen vorher, dass es zusätzlich zu den drei bekannten noch mehr Raumdimensionen geben müsse. Die sind allerdings so klein, dass man sie nicht wahrnehmen kann. Am LHC werden Energien erreicht, die es ermöglichen sollten, in diese versteckten Extradimensionen vorzudringen und deren Existenz nachzuweisen.

Des Weiteren soll geklärt werden, warum unser Weltall aus Materie besteht. Da laut der Urknalltheorie zu Beginn des Universums nur Energie vorhanden gewesen ist, müssten Materie und Antimaterie zu genau gleichen Teilen entstanden sein. Bisher wurde allerdings nur Materie in unserem Universum beobachtet. Der LHC soll herausfinden, wo die ganze Antimaterie hin ist.

Als Letztes soll uns der LHC einen Blick zurück zu den Anfängen des Universums gewähren. Wenn schwere Bleiionen statt Protonen beschleunigt und zur Kollision gebracht werden, können Temperaturen und Energiedichten erreicht werden, wie sie etwa eine Billionstelsekunde nach dem Urknall geherrscht haben. In diesem Zustand war das Universum so heiß, dass Hadronen, also Protonen und Neutronen, noch nicht stabil, sondern quasi geschmolzen waren. Das gesamte Weltall war zu dieser Zeit mit einer Suppe aus Quarks und anderen Elementarteilchen gefüllt, dem sogenannten Quark-Gluon-Plasma. Genau dieser Punkt soll rekonstruiert werden, um neue Erkenntnisse über jenen Materiezustand zu gewinnen.

Mit menschlichem Auge ist es nicht möglich, die Kollisionen und was dabei passiert wahrzunehmen. Es müssen also künstliche Augen her. Im LHC wurden sechs verschiedene solcher »Augen« eingebaut, die bei jedem Zusammenstoß genau beobachten, messen und aufzeichnen, was geschieht.

Der größte Detektor und gleichzeitig der größte Apparat, der jemals in einem Teilchenbeschleuniger verbaut wurde, ist der zylinderförmige ATLAS (A Toroidal LHC ApparatuS – Toroidaler LHC-Apparat). Mit einer Länge von 44 Metern und einem Durchmesser von 22 Metern bringt er es auf ein Gewicht von 7000 Tonnen. Mit seiner Hilfe soll nach dem Higgs-Boson, supersymmetrischen Teilchen und versteckten Extradimensionen gesucht werden. Damit deckt er fast das gesamte physikalische Spektrum ab.

Der andere Alleskönner am LHC trägt das Kürzel CMS (Compact Muon Solenoid – Kompakte Myonen-

Magnetspule). Er verfolgt im Grunde dieselben Ziele wie ATLAS – jedoch mit einer anderen Technologie. Damit können die Ergebnisse des anderen Detektors überprüft und bestätigt werden. Dass CMS sich deutlich von ATLAS unterscheidet, erkennt man bereits am Aufbau. Mit 21 Meter Länge, 18 Meter Breite, 15 Meter Höhe und einem Gewicht von 12 500 Tonnen ist er kleiner als ATLAS, jedoch fast doppelt so schwer.

Auch ein weibliches Pendant gibt es – in Frankreich. Genauer gesagt in St.-Genis-Pouilly, mit Namen ALICE (**A** **L**arge **I**on **C**ollider **E**xperiment). Es soll den Urknall im Labor untersuchen. Bleiionen werden mit so gewaltigen Energien aufeinandergeschossen, dass die Protonen und Neutronen zerfetzt werden. Dabei entsteht ein Quark-Gluon-Plasma. Die Physiker wollen beobachten, was passiert, wenn sich diese Suppe ausdehnt, abkühlt und dann nach und nach wieder Teilchen entstehen. Denn genau so soll es sich auch kurz nach dem Urknall abgespielt haben. Damit sind weltweit über 1200 Wissenschaftler beschäftigt.

Das Geheimnis, warum unser Universum aus Materie und nicht aus Antimaterie besteht, soll mithilfe eines anderen Detektors gelüftet werden. B-Teilchen sind dafür am besten geeignet. Das sind Partikel, die ein Bottom-Quark enthalten. Obwohl im heutigen Universum keine mehr vorhanden sind, waren sie unmittelbar nach dem Urknall recht häufig. Die Zerfälle der B- und ihrer

Antiteilchen sollen darüber Aufschluss geben, warum die Natur die Materie der Antimaterie vorzieht. Da Bottom-Quarks oft auch als Beauty-Quarks bezeichnet werden, heißt der Detektor LHCb (**L**arge **H**adron **C**ollider **b**eauty).

In der Nähe des Kollisionspunkts des CMS stehen an vier Positionen jeweils zwei von acht »Römertöpfen«. Dabei handelt es sich um spezielle Vakuumkammern, die zum TOTEM-Experiment (**Tot**al **E**lastic and Diffractive Cross Section **M**easurement) gehören und extra dafür entworfen wurden. Sie sollen das Proton genauer erforschen. Dazu gehört, dessen innerste Struktur genauer unter die Lupe zu nehmen. Obwohl man das Kernteilchen schon lange kennt, ist sein Aufbau noch nicht komplett verstanden. Außerdem soll seine Größe mit noch nie dagewesener Genauigkeit bestimmt werden.

LHCf (**L**arge **H**adron **C**ollider **f**orward) heißt das kleinste der sechs Experimente. Seine beiden Detektoren passen zusammen bequem in einen Umzugskarton. Er ließe sich mit seinen 80 Kilogramm Gewicht auch gut von zwei starken Männern tragen. Die Detektoren sind 140 Meter entfernt vom Kollisionspunkt des ATLAS aufgestellt. Dort entstehen Partikel, mit denen am LHCf hochenergetische kosmische Strahlen unter Laborbedingungen simuliert werden können. Kosmische Strahlen aus dem All bestehen aus geladenen Partikeln. Wenn sie auf die Erdatmosphäre treffen, kollidie-

Name		Länge	Breite	Höhe	Masse	Standort	Mitarbeiter
ATLAS		46 m	25 m	25 m	7000 t	Meyrin, Schweiz	> 3000
CMS		21 m	15 m	15 m	12500 t	Cessy, Frankreich	~ 3275
ALICE		26 m	16 m	16 m	10000 t	St.-Genis-Pouilly, Frankreich	> 1200
LHCb		21 m	13 m	10 m	5600 t	Ferney-Voltaire, Frankreich	~ 820
TOTEM		440 m	5 m	5 m	20 t	Cessy, Frankreich	~ 60
LHCf	2x je	30 cm	10 cm	80 cm	40 kg	Meyrin, Schweiz	~ 20

Tabelle 2: Die verschiedenen Detektoren am LHC im Vergleich

Abbildung 12: Der ATLAS-Detektor im Dezember 2007

Abbildung 13: CMS in voller Größe

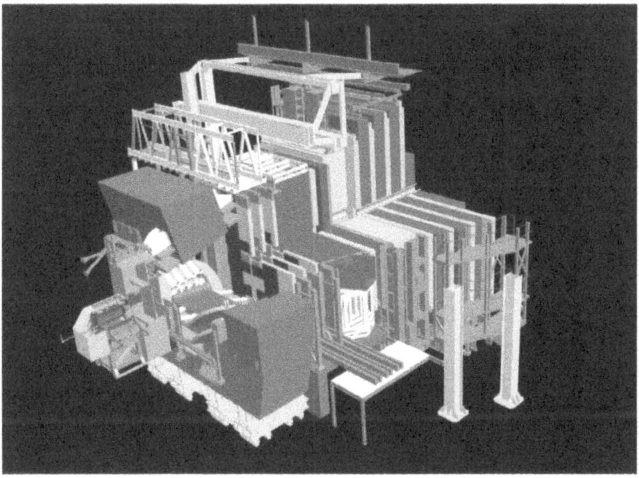

Abbildung 14: Der Detektor des LHCb

Abbildung 15:
ALICE ist der Detektor, der dem Urknall am nächsten kommt. Durch die Kollision von Bleiionen kann der Materiezustand wiederhergestellt werden, wie er nur Augenblicke nach dem Urknall existierte. Hier eine Computerdarstellung des Detektors. Zum Größenvergleich sind im Vordergrund zwei Menschen zu sehen.

Abbildung 16: Die »Römertöpfe« des TOTEM, eingebaut im LHC-Tunnel

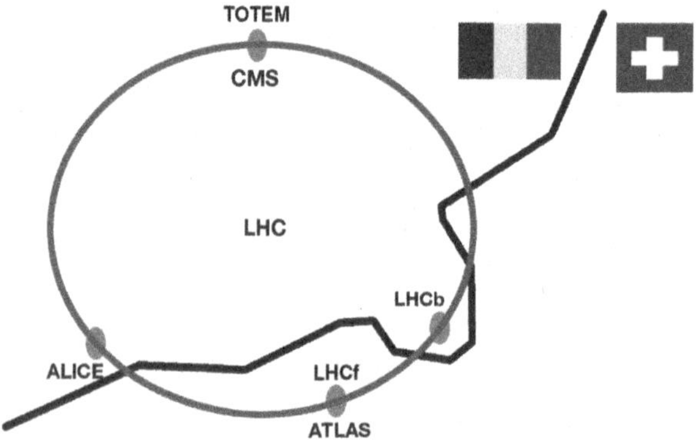

Abbildung 17: Anordnung der verschiedenen Detektoren um den Großen Hadronen-Speicherring an der schweizerisch-französischen Grenze

ren sie mit den Luftmolekülen und lösen einen ganzen Schauer von Teilchen aus, der dann auf den Erdboden fällt. LHCf soll nun Modelle für solche Schauer finden, mit denen man auf die Energie der kosmischen Strahlung schließen kann.

Ich fasse zusammen: Der LHC ist also die größte und komplexeste Maschine, die Menschen je gebaut haben. Sie hat einen Energieverbrauch von 120 Megawatt, was zu einer Stromrechnung in Höhe von 19 Millionen Euro im Jahr führt. Hier werden Teilchen mit noch nie dagewesenen Energien zur Kollision gebracht, die es sogar ermöglichen, urknallähnliche Zustände im Labor nachzustellen.

Ist das nicht gefährlich? Kann der LHC vielleicht die Erde zerstören?

Die ersten Fragen, die bei Kernforschung immer auftreten, sind die nach Radioaktivität. An Teilchenbeschleunigern wie dem LHC ist die Erzeugung von Strahlung unvermeidbar. Am CERN wird alles getan, um die Strahlenbelastung möglichst gering zu halten, aber vollständig abschirmen lässt sie sich nicht.

War nicht auch noch von Antimaterie die Rede? Wenn man Antimaterie mit Materie in Verbindung bringt, zerstrahlt sie sofort zu 100 Prozent in Energie. Das folgt aus der berühmten Formel von Einstein, $E = mc^2$. Brächte man nur ein Gramm Antimaterie mit einem Gramm Materie zusammen, so entspräche das einer Sprengkraft von 43 000 Tonnen TNT. Das wäre etwa die dreifache Sprengkraft der Atombombe von Hiroshima.

Die bis jetzt beschriebenen Gefahren haben nur lokale Auswirkungen. Aber in der unglaublich hohen Energie der Teilchen steckt das Potenzial, die ganze Menschheit zu vernichten.

In der erzeugten Quark-Suppe könnte »seltsame Materie« entstehen. Diese sogenannten Strangelets würden zu gleichen Teilen aus Up-, Down- und Strange-Quarks bestehen. Sie wären wahrscheinlich instabil und würden innerhalb kürzester Zeit wieder zu normaler Materie zerfallen. Es gibt aber Theorien, die auch stabile Zustände dieser Materieform vorhersagen. Diese

Strangelets können dann wechselwirken und normale Materie in »seltsame Materie« umwandeln. Irgendwann könnte alle Materie in Strangelets umgewandelt worden sein. Ob in solch einer Welt Leben noch möglich wäre, lässt sich nicht vorhersagen.

Die Urknalltheorie sagt unter anderem die Existenz exotischer Teilchen wie magnetischer Monopole vorher. Das sind einfach gesagt Magnete, die nicht aus Nord- und Südpol, sondern nur aus einem einzigen Pol bestehen. Sie könnten am LHC entstehen. Für die Urknalltheorie wäre das ein Volltreffer und ein weiterer Hinweis auf ihre Richtigkeit. Ob das für die Praxis auch von Vorteil ist, darf bezweifelt werden. Einige Theorien erklären, dass magnetische Monopole dafür sorgen könnten, dass Protonen zerfallen. Unser gesamtes Universum existiert aber nur deshalb, weil Protonen stabil sind.

Für alle Gefahren, die mit der Teilchenenergie in Zusammenhang stehen, gibt es ein großes Gegenbeispiel. Die Erde wird seit ihrer Entstehung vor 4,5 Milliarden Jahren ununterbrochen mit kosmischen Teilchen beschossen. Deren Energien liegen um ein Vielfaches über denen, die am LHC erreicht werden. Das bedeutet, dass alles, was vielleicht am LHC produziert werden könnte, mit Sicherheit schon mehr als einmal auf natürliche Weise entstanden ist. Wenn auch nur ein Teilchen davon irgendwie die Erde zerstören könnte, dann wäre das schon längst passiert.

Bleiben noch die radioaktive Strahlung und die Antimaterie als potenzielle Gefahrenquellen. Zunächst zur Radioaktivität: Sie entsteht im LHC-Tunnel, und der liegt 100 Meter unter der Erde. Das ist so tief, dass an der Oberfläche während des Betriebs keine Strahlung gemessen werden kann. Aber es gibt ja noch die Luft im Tunnel. Sie muss regelmäßig ausgetauscht werden, weil man sonst dort unten ersticken würde. Durch ein Filtersystem kann die Belastung für Anwohner selbst bei ungünstigsten Bedingungen bei unter 10 Mikrosievert (µSv) pro Jahr gehalten werden. Zum Vergleich: Auf einem Flug von Europa nach Los Angeles und wieder zurück ist man einer Belastung von etwa 100 µSv ausgesetzt. Die Belastung, die auf natürliche Radioaktivität zurückzuführen ist, liegt in der Schweiz bei etwa 2400 µSv pro Jahr.

Und die Antimaterie? Hier ist die Gefahr, die von ihr ausgeht, auch zugleich das Problem bei der Herstellung. Um ein Gramm Antimaterie zu erzeugen, muss eine riesige Menge Energie investiert werden, wie wir dank Einstein wissen. Denn auf der Erde kann man Antimaterie nur aus reiner Energie erzeugen, wobei dann auch gleichzeitig Materie entsteht. Man muss also den Vorgang der Explosion umkehren und die gigantische Menge Energie hineinstecken, die sonst frei werden würde. Die größte Menge Antimaterie, die für einige Minuten stabil gehalten werden konnte, umfasste

309 Atomkerne. Das sind 10^{-22} Gramm. So viel Antimaterie zu erzeugen, dass sie gefährlich werden könnte, würde Zehntausende von Jahren dauern. Also kein Grund zur Beunruhigung.

ATLAS und CMS – zwei Weltmaschinen auf der Suche nach Higgs

Florian Selig und Florian Zeller

Wie soll das eigentlich möglich sein? Wie kann man ein Teilchen finden, das so klein ist, dass man es sich nicht einmal mehr vorstellen kann, geschweige denn eine Maschine bauen, die das können soll? Aber es ist möglich! Wir stellen hier zwei Maschinen vor, die das Unbegreifbare greifbar gemacht haben.

Dass in kreisförmigen Teilchenbeschleunigern Partikel aufeinandergeschossen werden, um außergewöhnliche physikalische Zustände zu erreichen, wurde bereits an früherer Stelle erwähnt. Wie diese Vorgänge initiiert werden beziehungsweise welche Prinzipien dabei zum Tragen kommen, soll im Folgenden veranschaulicht werden.

Für Experimente in einem Ringbeschleuniger dieser Größe eignen sich Protonen besser als die leichteren Elektronen oder Positronen, die in früheren Beschleunigern verwendet wurden. Beim Durchlaufen der kreisförmigen Bahn am LHC verlieren Teilchen nämlich Energie in Form von Bremsstrahlung (Synchrotronstrahlung). Denn geladene Teilchen strahlen bei Beschleunigung (Änderung der Geschwindigkeit oder Bewegungsrichtung) elektromagnetische Strahlung in Form von Photonen ab. Je leichter ein Teilchen ist, desto höher sein Energieverlust. Ein Elektron ist 2000 Mal leichter als ein Proton. Der Energieverlust eines hochenergetischen Teilchens, das die Energie E und die Ruhemasse m in einem Beschleunigerring mit dem Radius r hat, ist proportional zu $(E/m)^4 \cdot 1/r$. Somit ist der Energieverlust von Elektronen bei gleicher Energie und gleichem Radius um den Faktor $2000^4 = 10^{13}$ (16 000 Milliarden) Mal größer als bei Protonen. Dieser Faktor würde zehnmal dem Abstand der Erde zur Sonne in Metern entsprechen.

Zu Beginn einer Messung werden Protonen zu zwei Bündeln komprimiert, die dann einige Stunden im Beschleuniger einander entgegengesetzt mit 11 245 Umrundungen pro Sekunde kreisen, bis sie an einem der vier festen Kollisionspunkte zur Kollision gebracht werden. Doch die schönsten Teilchenkollisionen helfen nichts, wenn man die dabei entstehenden Partikel nicht nachweisen kann. Dies liegt daran, dass diese sehr schnell zerfallen. Zerfallen sie, so schleudern die Teilchen, ähnlich einer Silvesterrakete, eine ganze Reihe anderer Partikel in alle Richtungen. Diese Zerfallsprodukte leben meistens länger und können mit einem Detektor gemessen werden. Da jedes Teilchen auf spezifische Weise zerfällt, sind die gemessenen Teilchen quasi ein Fingerabdruck des Entstandenen. Um diesen zu untersuchen, wurden am LHC an zwei Kollisionspunkten die größten

Universaldetektoren gebaut, die es bis heute gibt: CMS und ATLAS. In Kombination miteinander haben sie die Möglichkeit, eine große Bandbreite bekannter und unbekannter Teilchen zu messen.

CMS und ATLAS sind gewaltige Maschinen, und das nicht nur wegen ihrer Ausmaße – darüber wurde schon an früherer Stelle im Buch berichtet –, sondern auch wegen ihrer äußerst komplexen Technik. Um eine derart komplizierte Maschine entwickeln und betreiben zu können, ist ein großes Team von Physikern und Ingenieuren notwendig. Mit »groß« ist hier eine Anzahl von rund 10000 Mitarbeitern aus über 200 wissenschaftlichen Instituten und aus 38 Ländern gemeint.

Beide Detektoren haben die gleiche Aufgabe: nämlich noch nicht bekannte Teilchen wie etwa das Higgs-Teilchen, eventuell verschiedene supersymmetrische Teilchen (SUSY – sie könnten vielleicht Aufschluss über die Dunkle Materie liefern) bis hin zu Schwarzen Mikro-Löchern (die entstehen könnten) zu suchen und zu finden. Dabei verfolgen beide Experimente unterschiedliche Strategien und sind deshalb auch unterschiedlich aufgebaut. Jedoch sind einige Detektorsysteme bei beiden gleich, damit es möglich ist, die Ergebnisse gegenseitig zu überprüfen und zu sichern.

Obwohl CMS und ATLAS aus verschiedenen Detektorschichten bestehen, sind sie in ihrem Kern, nahe den Kollisionspunkten, ähnlich aufgebaut. Um schnell zerfallende Teilchen zu messen und keine zu verpassen, bringt man die nötigen Detektoren deshalb so nahe wie möglich an den Kollisionspunkt.

Zum Einfangen dieser Teilchen benötigt man an dem der Kollision nächstgelegenen Punkt einen sogenannten Pixel- beziehungweise Streifendetektor mit einer sehr hohen Auflösung von bis zu 10 Mikrometern. Das entspricht einer doppelt so hohen Auflösung wie bei einem heute üblichen Full-HD-Fernseher. Damit lassen sich sehr detailliert Flugbahnen von Teilchen messen. Im Anschluss kommen die Kalorimeter. Mit diesen werden die Energien der auftreffenden Teilchen bestimmt, indem die nach der Kollision einfallenden schnellen Teilchen bis auf die Geschwindigkeit Null gebremst werden. Dabei zerfallen sie in sogenannte Sekundärteilchen, die wiederum selbst in weitere Teilchen zerfallen. Eine solche Kaskade wird in der Teilchenphysik als Teilchenschauer bezeichnet. Aus den Flugbahnen der vielen Teilchen kann man schließlich die genaue Position des ursprünglichen Partikels errechnen. Ein elektromagnetischer Kalorimeter wird eingesetzt, um die Energie von elektromagnetisch wechselwirkenden Teilchen wie den Photonen oder den Elektronen zu bestimmen. Im hadronischen Kalorimeter werden Hadronen, wie zum Beispiel Protonen und Neutronen, nachgewiesen. Die dabei einfallenden Hadronen erzeugen in den Nachweis- und Bremsschichten des Kalorimeters Lichtblitze.

Die in den Lichtblitzen entstandenen Photonen wiederum kann man messen und damit Rückschlüsse auf das ursprüngliche Teilchen ziehen.

Der ATLAS-Detektor

Um zu wissen, welche Teilchen bei der Kollision ursprünglich entstanden sind, muss man verschiedene Größen kennen: die Gesamtenergie, die Art der entstandenen Sekundärteilchen und deren Einzelenergien. Am ATLAS stehen hierfür drei Systeme zur Verfügung: der Innere Detektor, das Kalorimeter und der Myonendetektor.

Der Innere Detektor soll die Bahn von geladenen Teilchen in einem Magnetfeld vermessen. Dazu besitzt er ein magnetisches Feld, das etwa 40 000 Mal so stark ist wie das Erdmagnetfeld. (Man beachte: Das Magnetfeld des Inneren Detektors ist zwei Tesla stark, das Erdmagnetfeld an der Oberfläche dagegen nur 50 Mikrotesla – also sechs Größenordnungen schwächer.) Dieses starke Feld wird von einer supraleitenden Zylinderspule (Solenoidmagnet) erzeugt. Supraleitende Materialien sind zum Beispiel Quecksilber oder Wolfram. Sie haben die Eigenschaft, dass ihr elektrischer Widerstand auf 0 Ω (Ohm) abfällt, wenn sie extrem stark abgekühlt werden. So kann man starke elektrische Ströme durch sie hindurchleiten, ohne dass sich die Materialien erhitzen. Die Spule hat eine Gesamtmasse von vier Tonnen und besteht aus zehn Kilometer supraleitendem Kabel. Es wird dabei mithilfe von flüssigem Helium auf seiner Betriebstemperatur, nahe –273 °C, gehalten.

Der Innere Detektor ist sieben Meter lang und hat einen Durchmesser von 2,3 Metern. Dabei sind die verschiedenen Nachweisgeräte wie Zwiebelschalen um die Strahlachse angeordnet. Nahe dem Kollisionspunkt werden hochauflösende, effiziente Halbleiterdetektoren verwendet. Halbleiter haben die Eigenschaft, dass sie je nach Temperatur leitend oder nichtleitend sind, sie finden Verwendung vor allem in Elektrotechnik und Solarzellen. Die im ATLAS verbauten Halbleiterdetektoren bestehen aus 100 Millionen kleinen rechteckigen Pixeln, die auf Siliziumchips angeordnet sind. Sogar bei hohen Dichten der Partikel können diese Detektoren die Teilchenspuren trennen und deren Koordinaten mit einer Genauigkeit von circa 14 Mikrometern bestimmen (das ist ungefähr die Dicke eines menschlichen Haares). An diese Pixellagen schließen sich fünf Lagen aus Silizium-Streifenzählern an. Sie funktionieren wie die Halbleiterdetektoren, haben jedoch eine größere Ortsauflösung von 30 Mikrometern.

Umschlossen sind die Siliziumdetektoren mit einem speziellen Schaum aus Polyäthylen, der einige hunderttausend dünne, mit Gas gefüllte Röhren beherbergt.

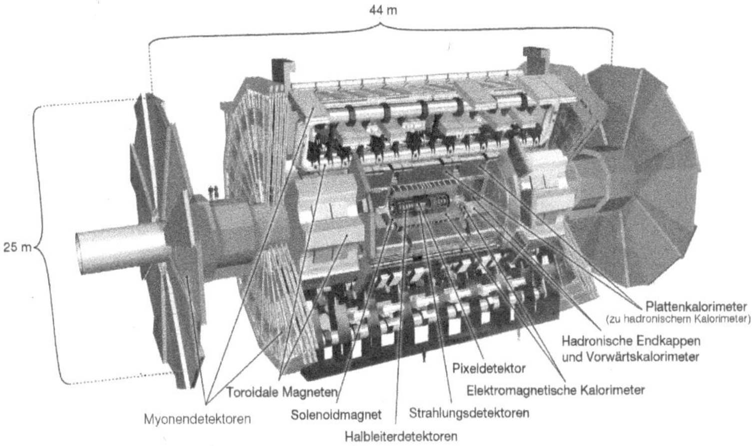

Abbildung 18: Computerdarstellung des ATLAS-Detektors

Beim Durchgang von geladenen Teilchen wird das Gas ionisiert, und ein schwacher Strom fließt. Der Zeitpunkt des Signals und die Signalstärke erlauben einen Teilchennachweis und die Bestimmung der Position auf etwa 150 Mikrometer genau. Der spezielle Schaum dient dazu, auch hochrelativistische Elektronen abzubremsen. Sie erzeugen dabei Röntgenstrahlung, die im Gas ebenfalls zu Ionisation führt. Hochrelativistische Teilchen bewegen sich mit annähernder Lichtgeschwindigkeit. Damit fallen sie unter die Relativitätstheorie und heißen deshalb »hochrelativistisch«.

Konzentrisch auf den Inneren Detektor folgend sind die Kalorimeter angeordnet. Bei den im ATLAS verwendeten Kalorimetern handelt es sich um sogenannte »Sampling-Kalorimeter«. Dieser Typ ist abwechselnd aus zwei unterschiedlichen Materialien aufgebaut: Lagen mit Materialien hoher Dichte (etwa Blei oder Kupfer), den Absorberlagen, und solchen verhältnismäßig niedriger Dichte, den Nachweislagen. Absorberlagen dienen dazu, die Energie des einfallenden Teilchens aufzunehmen und es abzubremsen. Die Nachweislagen bestehen beispielsweise aus flüssigem Argon und messen die Energie der in den Absorberlagen erzeugten Teilchen. Da alle einfallenden Partikel etwas voneinander abweichende Richtungen haben, würde bei gleicher Energie jedes Teilchen ein unterschiedliches Signal produzieren. Um ein gleichförmiges Signal zu erhalten, wurden die verschiedenen Lagen erstmals in einem Zickzackmuster angeordnet. Somit ist das Kalorimeter richtungsunabhängig.

Das elektromagnetische Kalorimeter misst die Energie der einfallenden Photonen und Elektronen. Es besteht aus circa 190 000 Auslesezellen, wobei jede etwa 2,5 × 2,5 Quadratzentimeter groß ist. Ausgebreitet würden diese Zellen eine Fläche von 118,75 Quadratmetern bedecken. Da jede Zelle mit einer individuellen Ausleseelektronik ausgestattet ist, erreicht der Detektor eine sehr hohe Ortsauflösung.

Eine weitere Neuerung des ATLAS-Detektors gegenüber bisherigen Kalorimetern dieser Bauart besteht in jener Ausleseelektronik, die ein weiteres Problem löst: das der Zeit. Alle 25 Nanosekunden findet eine Strahlkollision statt. In dieser Zeit kann eine Zelle jedoch nicht ausgelesen werden, da hierzu 400 Nanosekunden notwendig sind. Mit der neuen Ausleseelektronik kann die Auslesezeit der Zelle auf 40 Nanosekunden verkürzt werden. Leider hat diese Innovation einen großen Nachteil. Um die Energie des Teilchens genau zu rekonstruieren, muss für jede einzelne Auslesezelle bekannt sein, wie viel Strom sie beim Umwandeln der Energie des Teilchens in Strom »verliert«. Um dieses Problem zu kompensieren, wurde ein spezielles Kalibrierungssystem entwickelt.

Die äußerste Schicht der Detektorsysteme bildet das Myonenspektrometer. Myonen sind etwa 200 Mal schwerer als Elektronen und die einzigen Teilchen, die das Kalorimeter unbemerkt durchqueren können. Um sie nachzuweisen, wurde das charakteristische Toroid-Magnetsystem im ATLAS verbaut. Es besteht aus acht konzentrisch angeordneten supraleitenden Magnetspulen, mit je einer Länge von 25,3 Metern. Das gesamte System wiegt 830 Tonnen und enthält insgesamt 70 Kilometer supraleitendes Kabel. Der Strom in den Spulen hat eine Stärke von 20 000 Ampere, womit ein Magnetfeld mit einem Maximum von 3,9 Tesla aufgebaut wird. Dabei ist in dem Magnetfeld eine Energie von einem Gigajoule gespeichert. Damit könnte man einen Single-Haushalt über zwei Monate mit Strom versorgen.

Zwischen den Spulen und als äußerste Lage sind ebenfalls konzentrisch die Myonendetektoren angebracht, die in Zusammenarbeit mit der Ludwig-Maximilians-Universität und dem Max-Planck-Institut für Physik in München entwickelt und gebaut wurden. Ähnlich den im Inneren Detektor verbauten Röhren besteht das Spektrometer aus langen, gasgefüllten Röhren mit einem Draht entlang der Zylinderachse. Dabei wurde das Gas unter hohem Druck in die Röhre gefüllt, daher auch der Name *high pressure drift tubes*. Die Positionen der Teilchendurchgänge können durch die Ionisation des Gases auf 100 Mikrometer genau gemessen werden.

Um auch Teilchen zu messen, die ganz nahe entlang der Strahlachse fliegen, weist ATLAS an jedem Ende eine große Endkappe auf. Das sind zwei große Platten, die aus senkrecht zur Strahlachse liegenden Detektoren bestehen. In den Endkappen sind jeweils eine Myonendetektorschicht und eine Kalorimeterschicht verbaut.

Der CMS-Detektor

Dieser Detektor kann ebenfalls grob in drei Teile gegliedert werden. Sein Inneres besteht aus einem hochpräzisen Spurenvermessungssystem, den Siliziumdetektoren. Mit ihnen ist man in der Lage, die Flugbahnen von elektrisch geladenen Teilchen auf bis zu 10–20 Mikrometer genau zu bestimmen. Der Silizium-Pixeldetektor ist mit einer der wichtigsten Detektoren, da er durch seine Nähe zur Strahlachse (4,4–10,2 Zentimeter) zur Identifikation von B-Quarks, C-Quarks und Leptonen beiträgt, die schon kurz nach ihrer Entstehung zerfallen. Aufgrund dieser Nähe wird der Detektor aber auch von extrem vielen Teilchen durchflogen, was eine kurze Lebensdauer zur Folge hat. Er muss in gewissen Zeitabständen komplett erneuert werden.

Den Inneren Detektor umschließt der zweite Silizium-Streifendetektor. Er ist in seinem Zentralbereich aus zehn zylindrischen Lagen und in den Endkappen aus je neun Scheiben aufgebaut. Ausgestattet sind alle mit Siliziummodulen, die in Streifen aufgeteilt sind. Damit ist es in radialer Richtung möglich, eine genaue Vermessung der Teilchen durchzuführen. Hierfür muss aber der ganze Bereich auf –20 °C herabgekühlt werden, da sonst die Gefahr von Schäden durch den hohen Teilchenfluss zu groß ist. Mit diesen beiden Detektoren, die den inneren Bereich von CMS bilden, kann man die Spuren von hochenergetischen Leptonen sehr gut und präzise rekonstruieren und darstellen.

Auf diese Detektoren folgt der Kalorimeterbereich. Hier sind ein elektromagnetisches und ein hadronisches Kalorimeter verbaut. Das elektromagnetische (ECAL) misst mithilfe von 80000 Blei-Wolfram-Kristallen, in denen jeweils eine Photodiode eingebaut ist, einfallende

Photonen und Elektronen mit sehr hoher Genauigkeit. Dabei verwandelt die Photodiode den schwachen Lichtblitz eines einfallenden Photons oder Elektrons in einen messbaren Strom. Das hadronische Kalorimeter (HCAL) ist für das Identifizieren beziehungsweise Messen von Zerfallsprodukten wie Protonen oder Neutronen verantwortlich. Über die Energie-Impuls-Bilanz ist es hier möglich, Neutrinos mit aufzuspüren. Ähnlich wie im ATLAS sind auch hier Endkappen aus Kalorimetern verbaut, um Partikel nahe der Strahlachse zu detektieren.

Eingeschlossen wird der Hauptteil der Kalorimeter von einem gewaltigen Solenoidmagneten – mit 13 Meter Länge und sechs Meter Durchmesser der größte und stärkste jemals gebaute –, der eine genaue Bestimmung der Impulse von hochenergetischen und geladenen Teilchen ermöglicht. Er hat die Form einer zylinderförmigen Spule, die supraleitend ist und aus einer Titan-Niob-Legierung besteht. Die Spule muss auf –270 °C herabgekühlt werden, um eine Feldstärke von rund vier Tesla zu erreichen. Mit der Energie, die in dem Magnetfeld steckt, könnte man auch 18 Tonnen Gold schmelzen.

Der äußere Ring des CMS besteht aus den Myonendetektoren, die einen der wichtigsten Teile des ganzen Detektors darstellen. Denn mit ihnen lässt sich durch das Zusammenspiel mit dem Magneten die Impuls-

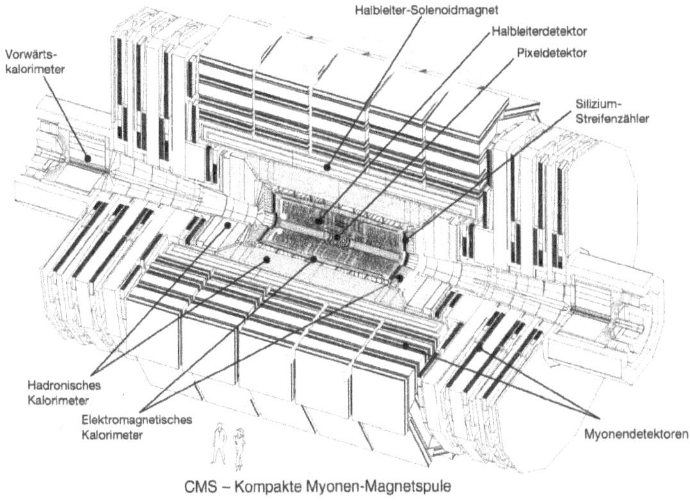

Abbildung 19: Computerdarstellung des CMS-Detektors

energie der Myonen bestimmen. Die durch die Proton-Proton-Kollision entstandenen Myonen werden durch das Feld des Magneten beeinflusst, was zu einer Krümmung der Flugbahn in radialer Richtung führt. Aus der Krümmung kann der Impuls eines solchen Teilchens berechnet werden. Die Myonen werden sowohl in einem Spurdetektor (Streifendetektor) als auch in den Myonenkammern gemessen, die sich am äußeren Rand des CMS befinden. Dorthin schaffen es normalerweise nur Myonen und Neutronen, da sie stabiler sind als andere Teilchen. Eine Ausnahme bilden, wie häufig in der

Physik, die Neutrinos. Denn diese können ohne jede Wechselwirkung den ganzen Detektor, sogar die ganze Erde durchqueren. So ist die Wahrscheinlichkeit, dass ein Neutrino mit dem Detektor wechselwirkt, sehr gering.

Jeweils vier Myonenkammern mit einer Länge von zwei bis vier Metern sind in zwölf einzelnen Segmenten im äußeren Ring, dem sogenannten Eisenjoch, eingebaut. Dieses dient dazu, die Magnetfeldlinien zu schließen. Das Magnetfeld wiederum bewirkt einc Ablenkung der Myonen auf ihrem Weg durch die Myonenkammern. An ihren Seitenwänden sind Isolatorschichten verbaut, an denen sich Kathoden mit einer Spannung von jeweils 12000 Volt befinden. In der Mitte solcher Zellen verläuft ein vergoldeter Draht, der nur 50 Mikrometer dick ist und an dem eine Spannung von 3600 Volt anliegt. In diesen Zellen wird ein homogenes Feld erzeugt. Gefüllt ist diese Kammer mit einem Gasgemisch aus Argon und Kohlenstoffdioxid. Wenn nun ein Myon durch so eine Kammer fliegt, ionisiert es das Gasgemisch, und die ausgelösten Elektronen fliegen mit einer Geschwindigkeit von 55 Mikrometern pro Nanosekunde zum Anodendraht.

Kathoden-Streifenkammern erlauben eine schnelle Messung, weshalb sie wegen des erhöhten Teilchenflusses und des inhomogenen Magnetfelds zum Einsatz kommen. Insgesamt werden 486 solcher trapezförmigen Kammern verwendet. Sie bestehen aus zwei plattenförmigen Kathoden, in denen Anodendrähte gespannt sind, und erreichen eine Auflösung von 200 Mikrometern.

Rund elf Meter vom Kollisionspunkt entfernt sind, analog zu Endkappen, an beiden Seiten des CMS die Vorwärtskalorimeter angebracht. Sie sind besonders dicht mit Detektoren gepackt, in denen andere Materialien wie Stahl als Bremsschicht und Quarzfasern als Nachweismaterial zum Einsatz kommen. Sie haben die Aufgabe, alle Teilchen, die bis zu diesem Zeitpunkt noch nicht erfasst wurden, zu messen.

Die Bewältigung der Datenflut

In beiden großen Detektoren geschehen pro Sekunde 600 Millionen Proton-Proton-Kollisionen. Dies bedeutet eine Datenflut von 40 Terabyte (TB) pro Sekunde, 2400 TB pro Minute und 144 000 TB pro Stunde pro Detektor. Anders ausgedrückt: Pro Stunde würde der Speicherplatz von mehr als drei Millionen DVDs gefüllt (für nur einen der beiden Detektoren). Würde man diese DVDs aufeinanderstapeln, so wäre der Turm rund 3676 Meter hoch, hätte also fast die Meereshöhe des Großglockners, des höchsten Berges Österreichs. In dieser gewaltigen Datenmenge ist aber nur ein kleiner Teil interessanter Ereignisse enthalten. Pro Sekunde macht das etwa 320 MB aus, also ungefähr 0,0008 Prozent der sekündlichen Gesamtdatenmenge oder eine halbe CD. Deshalb muss man nicht nur extrem genau messen, sondern die Daten auch durch elektronische Filter schicken, damit alle überflüssigen Daten aussortiert werden.

Um das zu erreichen, werden bei beiden Detektorprojekten mehrstufige Trigger- (Prozess, der die Datenaufnahme eines Experiments startet) und Datenannahmesysteme eingesetzt. Bei ATLAS führt das Triggersystem seine Aufgabe zum Beispiel in drei Stufen aus. Im Level-1-Trigger verarbeiten neu entwickelte Hardwareprozessoren grob die Daten des Kalorimeters und des Myonenspektrometers. Innerhalb von zwei Mikrosekunden wird nach elektromagnetischen Energieverlusten, Jets (Strahlen) mit hohen Energien oder dem Fehlen von Energie gesucht. Innerhalb dieser Entscheidungszeit müssen alle Daten des Detektors vorübergehend gespeichert werden. Wenn Level 1 abgeschlossen ist, verbleiben von ursprünglich 600 Millionen nur noch etwa 75 000 Ereignisse für den Level-2-Trigger. Dieser besteht aus programmierbaren Prozessoren, mithilfe derer nun die verbleibenden Ereignisse mit höherer Auflösung und unter Einbezug des Inneren Detektors analysiert werden. Danach bleiben gerade mal etwa 1000 Ereignisse übrig. Im Ereignisfilter, der aus einer großen »Farm« von Prozessoren besteht, wird nun eine vollständige Analyse der verbleibenden Ereignisse durchgeführt. Erst wenn vordefinierte Bedingungen, wie Zerfallsart und charakteristische Eigenschaften des Higgs-Teilchens, erfüllt sind, werden die Daten zur späteren Analyse aufgezeichnet. Bei CMS wird ähnlich vorgegangen.

Um auszuschließen, dass in den ausgeschiedenen Daten noch wichtige Ereignisse, von denen man bisher noch nichts geahnt hat, enthalten sind und verloren gehen, sind verschiedene Forschungsgruppen weltweit damit beschäftigt, die ausgesonderten Datenmengen zu durchforsten. Damit werden nebenbei auch die Triggersysteme hinsichtlich ihrer Einstellungen überprüft und verbessert. Zudem versucht man dabei, noch nicht bekannte und auffällige Ereignisse zu finden, die Aufschluss geben könnten über Grundlagen von verborgener und noch nicht entdeckter Physik. Zur Verarbeitung dieser Datenmengen wurde das bislang leistungsstärkste Computersystem der Welt ins Leben gerufen: das Worldwide LHC Computing Grid (WLCG). Es umfasst Zehntausende Computer, die über den ganzen Globus verteilt sind. Auf diese Weise können Wissenschaftler in aller Welt rund um die Uhr die Daten des LHC analysieren und auswerten.

Die Zerfälle des Higgs-Teilchens und ihre Nachweise

Nachdem die wichtigen Daten aus der Datenflut herausgefiltert worden sind, bleibt immer noch eine große Datenmenge übrig. Jetzt stellt sich die Frage: Wonach sucht man jetzt in diesen Daten?

ATLAS und CMS wurden hauptsächlich deshalb konstruiert, um seltene Ereignisse zu erkennen, die von einem Higgs-Zerfall stammen könnten. Beide Detektoren untersuchen jedoch unterschiedliche Möglichkeiten für einen Zerfall. Die Herausforderung besteht nun darin, die »richtigen« Zerfallsarten von den Hintergrundereignissen, diees bei rund 600 Millionen Proton-Proton-Kollisionen pro Sekunde gibt, zu unterscheiden. Messungen am Elektron-Positron-Speicherring LEP am CERN, dem Vorgänger des LHC, haben bereits einen Ausschlusswert (hier auch als Minimalwert zu betrachten) über die Masse des Higgs-Teilchens ergeben. Dieser liegt bei etwa 113 GeV. In den Daten wurde nun nach einem Teilchen gesucht, das 113 bis circa 1000 GeV schwer ist. Um dem Higgs-Teilchen auf die Schliche zu kommen, wurde vor allem nach vier wichtigen Zerfallsarten Ausschau gehalten.

Die erste ist der Zerfall des Higgs-Teilchens in zwei Photonen. Hierbei spielen die schon erwähnten Kalorimeter nahe dem Kollisionspunkt die Hauptrolle, um die

Teilchenenergie zu messen. Denn die innersten Kalorimeter reagieren überwiegend auf Photonen durch Erzeugung eines winzigen elektrischen Signals. Zerfällt also ein Higgs-Teilchen in zwei Photonen, so lassen sich mithilfe des Detektors aus dieser Photonenenergie sehr genaue Rückschlüsse ziehen, unter anderem auf die Masse des Higgs-Teilchens.

Bei der zweiten Zerfallsart erzeugt das Higgs-Teilchen Paare von Z-Bosonen. Diese zerfallen weiter in jeweils ein Elektron und ein Positron beziehungsweise in zwei Myonen. Zum Aufspüren der Elektronen sind wiederum das Kalorimeter und ein innerer Spurenverfolger notwendig. Die Myonen können ungebremst wegfliegen und hinterlassen dabei Spuren. Starke Magnetfelder krümmen die Bahnen der Elektronen und Myonen und erlauben somit Rückschlüsse auf deren Energie. Auf diese Weise kann die Higgs-Masse bestimmt werden.

Bei der dritten Möglichkeit des Zerfalls des Higgs-Teilchens spaltet sich dieses in ein Bottom-Quark und sein Antiteilchen, das Anti-Bottom-Quark. Beide bündeln sich beim weiteren Zerfall in Jets von Hadronen und geben ihre Energie hauptsächlich in den äußeren Kalorimetern ab. Diese Zerfallsart ist jedoch für das Aufspüren des Higgs-Teilches sehr problematisch, da auch normale Kollisionen Hadronenjets aus Bottom-Quarks erzeugen. Es fällt somit schwer, die normalen von den Higgs-Zerfällen zu unterscheiden.

Bei der letzten Zerfallsart des Higgs-Teilchens entstehen zwei W-Bosonen, die zu jeweils einem Elektron, Antielektron oder Myon sowie einem Neutrino oder Antineutrino zerfallen. Mit den Neutrinos tut man sich allerdings schwer, da diese ohne Probleme und ohne eine Spur zu hinterlassen durch die Detektoren fliegen können. Somit ist es kompliziert, sie nachzuweisen, was wiederum Probleme im Hinblick auf die Massenbestimmung mit sich bringt, da sie aus der Kollision eine geringe Energiemenge mitnehmen. Dieses Fehlen von Energie erlaubt zwar einen Rückschluss auf das Vorhandensein von Neutrinos, es erschwert aber eine exakte Rekonstruktion der Higgs-Masse.

Messergebnisse

Die Kombination der zuvor beschriebenen Zerfallsarten mithilfe der beiden Detektoren und der Vergleich beider Ergebnisreihen belegen, dass das Higgs-Teilchen gefunden wurde. Außerdem konnte seine Masse im ATLAS-Detektor mit einer Wahrscheinlichkeit von 99,977 Prozent auf 126 GeV bestimmt werden. Interessant ist dieser Zahlenwert für alle, die das Buch oder den Film *Per Anhalter durch die Galaxis* kennen, weil das exakt 3 mal 42 ist. Ob jedoch im Higgs-Teilchen die genaue Antwort auf die Frage nach dem Universum, dem

Leben und allem steckt, kann die Physik zum heutigen Zeitpunkt nicht beantworten. Wir wissen allerdings, dass das Teilchen ungefähr so schwer wie ein Jodatom ist. Für die Teilchenphysik ist diese Art von Genauigkeit ganz zufriedenstellend, aber damit die Entdeckung wirklich in Stein gemeißelt wäre, sollte die Wahrscheinlichkeit einer Entdeckung 99,99966 Prozent betragen. Dies soll in der letzten Ausbauphase des LHC, die 2015 abgeschlossen sein soll, erreicht werden.

Beim CMS-Detektor sieht es ungefähr genauso aus. Nur dass hier fünf Zerfallsarten untersucht wurden. Man hat hier eine Masse von etwa 125,3 GeV gemessen.

Die Daten zeigen, dass beide Detektoren das Teilchen bei der gleichen Masse taxieren und die Daten somit Hand und Fuß haben. Ebenfalls konnte die große Präzision der Detektoren demonstriert werden. Doch wie kann man dieses Teilchen abbilden und sozusagen auf eine Waage legen?

Leider wird es nie eine Abbildung des Higgs-Teilchens geben. Wollen Physiker es irgendwie veranschaulichen, so tun sie dies mithilfe von Diagrammen. Dabei wird auf der y-Achse die Zahl der Ereignisse dargestellt, auf der x-Achse die Energie (Abbildung 20). Ist es nun zu sehr vielen Kollisionen gekommen, wie am LHC glücklicherweise geschehen, so gibt es einen Wert, der besonders häufig gemessen wird. Je höher die gemessene Energie ist, desto geringer ist die Zahl der Ereignisse.

Doch bei exakt 126 GeV gibt es einen kleinen Hügel. Genau das »ist« das Higgs-Teilchen. Es sorgt mit seinen eigenen Zerfällen dafür, dass hier mehr Ereignisse gemessen werden. Und so bekommt man quasi als Beilage noch die Masse.

Bis Ende Februar 2013 wurde weitergemessen, um möglichst viele Daten zu sammeln und die Genauigkeit zu erhöhen. Nach Vollendung dieser Testreihe wurde der LHC vorerst abgeschaltet, um ihn zu überprüfen

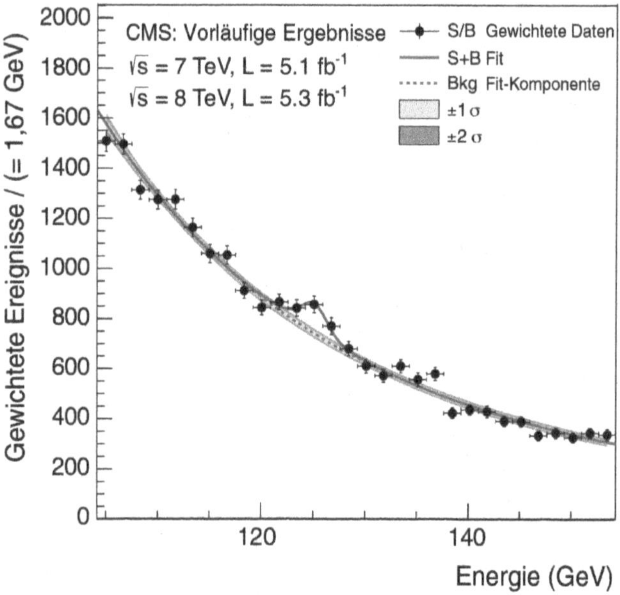

Abbildung 20: Grafische Darstellung des Higgs

und weiter auszubauen. Ab 2015 soll er mit seiner vollen Energie von 14 TeV laufen, was eine noch genauere Massenbestimmung des Higgs-Teilchens ermöglichen wird. Damit einher geht die Hoffnung auf weitere neue, bahnbrechende Entdeckungen der Physik.

Das Higgs-Teilchen aus dem Blickwinkel der Theoretischen Physik

Martin P. Dittgen

Im folgenden Kapitel werden einige Grundbegriffe der Theoretischen Physik vorgestellt. Erst beschäftigen wir uns mit dem Lagrangian, einem wichtigen Werkzeug in der modernen Physik. Dann folgt eine kurze Einführung in die Welt der physikalischen Symmetrien. Und schließlich werden wir sehen, wie das Konzept der Symmetriebrechung zur Erzeugung von Masse führt.

Der Lagrangian

Die Phänomene, die von der Physik beschrieben werden, haben sich seit deren Entstehung kontinuierlich vermehrt. Viele von ihnen erscheinen als unvereinbar miteinander. Gleichwohl gilt eines der ersten theoretischen Modelle der Physik auch heute noch als essenziell für die Beschreibung der Natur. Die Rede ist von der Lagrange-Funktion. Sie wurde ursprünglich von Joseph-Louis Lagrange aufgestellt, um die Phänomene der Mechanik auf einer noch abstrakteren und allgemeineren Ebene zu beschreiben, als dies die drei Newton'schen Gesetze tun.

Mit einigen kleinen Änderungen ließ sich der Lagrange-Formalismus auch auf die Bewegung von Teilchen in elektrischen und magnetischen Feldern anwenden. Er erwies sich nach einigen Uminterpretationen auch als nützlich, um die widerspenstigen und mitunter mehr als gegenintuitiven Phänomene der Quantenmechanik zu beschreiben. In der Quantenmechanik wird prinzipiell über alle Wege, die ein Teilchen nehmen kann, summiert. Die Lagrange-Funktion bestimmt, »wie viel« von einem Weg dabei in die Summe einfließt.

Die Lagrange-Funktion hat sich als der universelle Schraubenschlüssel der Physik über alle Phänomene hinweg bewährt. Auch in der Quantenfeldtheorie kommt ihr eine besondere Bedeutung zu: Da es im Sinne der Quantenfeldtheorie erst einmal nur mögliche Felder gibt und erst Schwingungszustände eines Feldes ein Teilchen repräsentieren, muss sie zu einer Lagrange-Dichte-Funktion umgeschrieben werden. Um dieses sperrige Wort zu vermeiden, spricht man meist kurz vom Lagrangian.

Der Lagrangian einer Quantenfeldtheorie beschreibt vollständig die Teilchen mit deren Eigenschaften und Wechselwirkungen. Es ist also möglich, eine Reihe verschiedener Lagrangians aufzustellen und damit zu experimentieren. Man kann auf diese Weise »spielzeugartige« Theorien aufstellen, die keine praktische Entsprechung haben müssen. Dieses Vorgehen ist hilfreich, will man sich erst einmal mit den Werkzeugen der Quantenfeldtheorie vertraut machen.

Mathematisch gesehen muss ein Lagrangian bestimmte Eigenschaften haben: Stellen Sie sich vor, es gäbe einen Physiker, der seit seiner frühen Kindheit unter einer schrecklichen Nackenstarre leidet, deswegen seinen Kopf immer krumm zur Seite gestreckt hält und ihn nicht gerade aufrichten kann. Versucht er nun die Flugbahn eines Balles zu beschreiben, so wird sich seine Schilderung von derjenigen anderer Physiker unterscheiden. Seine Auffassung der Welt dürfte sein: »Alle schweren Objekte fallen immer nach rechts.« Im Gegensatz zum gewöhnlicheren Statement: »Alle schweren Objekte fallen immer nach unten.« Trotzdem beschreiben beide Sichtweisen dieselbe Bewegung.

Physiker versuchen daher schon seit Längerem immer auch zu fragen, unter welchen Transformationen eine Theorie im Kern immer noch gleich bleibt. Jemand, der seinen Kopf in die Schräglage »transformiert« hat, sollte somit immer noch die gleichen fundamentalen Prinzipien in der Natur erkennen können.

Eine der wichtigsten Transformationen ist die Eichtransformation. Stellen Sie sich vor, Sie wollen auf die Zugspitze klettern und möchten wissen, wie viele Höhenmeter Sie zurückzulegen haben. Um diese zu bestimmen, haben Sie verschiedene Möglichkeiten. Sie können die Differenz der Meereshöhe der Zugspitze und derjenigen Ihrer aktuellen Position bilden. Oder aber Sie messen beide Entfernungen vom Erdkern aus und subtrahieren die Beträge. Sie können aber auch dem Zugspitzgipfel die Höhe 0 zuweisen und dadurch Ihrem Standort eine negative Höhenzahl verleihen. Es spielt also keine Rolle, wo Sie den Nullpunkt setzen. Letztlich zählt nur der relative Unterschied zwischen den beiden Punkten. Diese Freiheit in Bezug auf das Setzen des Nullpunkts nennt man Eichsymmetrie oder auch Eichinvarianz. (Die meisten Physiker verwenden die Wörter »Eichinvarianz«, »Eichsymmetrie« und »Eichtransformation« synonym.)

Die Eichsymmetrie führt nun dazu, dass innerhalb unserer Theorien (in der Lagrange-Funktion) den W- und Z-Bosonen keine Masse zugewiesen werden kann. Empirische Befunde zeigen jedoch deutlich das Gegenteil. Wie kann dieser Widerspruch gelöst werden?

Die Antwort hierauf liegt im Higgs-Mechanismus verborgen. Er stellt eine Erweiterung zu den bisherigen Theorien dar. Doch bevor wir uns mit seinen Details auseinandersetzen können, müssen wir uns erst noch mit der Rolle der Symmetrien in der modernen Physik beschäftigen.

Symmetrien

Unter einer Symmetrie versteht man in der Physik die Eigenschaft eines Systems, sich unter einer Transformation nicht zu ändern – also invariant zu bleiben. Die Symmetrien, die man in der Physik vorfindet, stellen häufig unanschauliche mathematische Symmetrien der Natur dar. Sie zu finden erfordert einiges an theoretischen Vorüberlegungen und raffinierten Experimenten. Dem gegenüber steht die alltägliche anschauliche Symmetrie, wie man in Abbildung 21 erkennen kann.

Die Symmetrie im Universum erkennt man nicht mit bloßem Auge, sondern nur mithilfe abstrakter Mathematik. Die Symmetrie eines Weinglases ist ein spezieller, anschaulicher Fall einer Symmetrie. Es gibt jedoch auch Symmetrien, die unanschaulich sind. Diese werden in der Gruppentheorie untersucht und bilden ein wichtiges Hilfskonstrukt zur Ableitung eines Lagrangian.

In der Vergangenheit basierten Erkenntnisse meist auf einem empirischen Experiment, dessen Ergebnisse mit gleichartigen Ergebnissen zu einer Theorie verknüpft wurden. Deren mathematische Verknüpfung wurde dann auf Symmetrien geprüft. Das ist der »klassische« Weg, wie er vor den Entwicklungen in Quantenmechanik und Quantenfeldtheorie praktiziert wurde.

Der moderne Weg ist umgekehrt: Man fängt mit einer Symmetrie an, konstruiert daraus eine Theorie und prüft

Abbildung 21: Unter der Transformation »Spiegelung an einer Achse« bleibt die erste Zeichnung invariant, die zweite nicht. Erstere ist somit symmetrisch.

schließlich, ob diese Theorie sich im Rahmen eines Experiments bestätigen lässt. Bestätigt das Experiment die Theorie, so kann diese mit anderen Theorien zu einem größeren gedanklichen Gebilde verknüpft werden. Tut es das hingegen nicht, wird die Theorie »weggeworfen«, und man beginnt mit einer anderen Symmetrie von Neuem.

Doch was in aller Welt fokussiert die Physiker so auf diese Symmetrien? Nun, aus der Wissenschaftshistorie wird erkennbar, dass die besseren Theorien, die mehr Effekte erklären konnten als ihre Vorgängertheorien, immer diejenigen waren, die eine größere Symmetrie besaßen. Die meisten antiken griechischen Philosophen und Denker dachten beispielsweise, dass die

Raumachse OBEN – UNTEN besonders ausgezeichnet sei. Schließlich fielen alle Körper in dieser Richtung nach unten. Newton zeigte und postulierte dann, dass unser Universum keine bestimmte Richtung in seiner mathematischen Struktur bevorzugt. Lediglich durch die Massenanziehung unserer Erde im Rahmen des ebenfalls symmetrischen Gravitationsgesetzes konnten wir diesem Eindruck erliegen.

Die Newton'sche Mechanik wurde durch die Umformulierung von Lagrange allgemeiner und symmetrischer, bis Albert Einstein zu seiner Allgemeinen Relativitätstheorie gelangte, für die meisten Physiker der Inbegriff von Schönheit und Symmetrie.

Es ist aufschlussreich, einige alltägliche Objekte oder auch Kunstwerke auf ihre Symmetrie hin zu untersuchen. Auch diese besitzen oft eine bestimmte symmetrische Grobstruktur, die in den Feinheiten die Symmetrie regelhaft bricht. Erst dadurch vermag ein Kunstwerk spannend und schön zu wirken.

Ein schönes Beispiel hierfür ist die Asamkirche in München aus der Zeit des Spätbarocks. Die Gestaltung der Kirche wirkt auf den ersten Blick sehr symmetrisch. Achtet man jedoch auf die kleinen Ornamente und Details, so stellt man fest, dass sie die Symmetrie »brechen«.

Nun kann die perfekte physikalische Symmetrie sich ebenso wenig bis in extenso entwickeln. Wäre unser ge-

Abbildung 22: Nach den Maßgaben der Theoretischen Physik ist die Asamkirche in München ein symmetrisch konzipiertes Gebäude, das jedoch in Details und kleinen Ornamenten von der strengen Symmetrie abweicht.

samtes Universum symmetrisch, so würde es nur aus einem homogenen Brei bestehen. Galaxien, Sterne, Planeten – von Leben ganz zu schweigen – wären in der perfekten Symmetrie nie entstanden. Es muss also leichte Asymmetrien oder Symmetriebrechungen geben, die das Entstehen von Strukturen erlauben.

Der Physiker Anthony Zee fasste diesen Gedanken, der auch schon Einstein umtrieb, wie folgt zusammen:

»If you were the creator, you would be faced with an impossible design dilemma: On the one hand, you would like to make the universe a fun and interesting place. On the other hand, if your design is not perfectly symmetric, people would criticize your thoughts.« (Als Schöpfer des Universums wären Sie mit einem unauflösbaren Gestaltungsdilemma konfrontiert: Einerseits würden Sie das Universum als einen vergnüglichen und interessanten Ort erschaffen wollen, andererseits würden die Leute Ihre Absichten kritisieren, wenn der Plan nicht perfekt symmetrisch ist.)

Zurück zu unserem Higgs-Mechanismus: Unsere Theorie der schwachen Wechselwirkung muss eine Asymmetrie in Form einer Symmetriebrechung aufweisen, die dafür sorgt, dass unsere Austauschbosonen eine von Null verschiedene Masse besitzen. Dies können Sie vergleichen mit einem Kunstwerk, das aus der Ferne symmetrisch wirkt, aus der Nähe betrachtet aber etwas unterschiedliche Ornamentik auf der rechten und auf der linken Seite aufweist – analog zum Design der Asamkirche. Doch wie kommt es zu einer solchen Symmetriebrechung?

Symmetriebrechung

Wenn wir eine Symmetrie brechen wollen, gibt es im Wesentlichen zwei Möglichkeiten hierzu:

1. Man bricht die Symmetrie direkt. Das bedeutet, dass man künstlich einen asymmetrischen Störterm zu unserem symmetrischen Lagrangian addiert. Für einige Bereiche der schwachen Wechselwirkung, die extremste Asymmetrien aufweist, hat sich diese Option bewährt. Doch um die im Standardmodell aus dem Nichts auftauchende Masse zu erklären, ohne dabei andere Symmetrien inklusive unserer Eichinvarianz ebenfalls quasi mit dem Hammer zu brechen, bedarf es eines wesentlich subtileren Ansatzes, womit wir zu unserer zweiten Möglichkeit kommen.

2. Die spontane Symmetriebrechung: Dabei sorgt man dafür, dass sich die Symmetrie unter gewissen Umständen quasi selbst bricht. Zunächst ein einfaches Beispiel für das Prinzip dieses Konzepts: Wenn Sie einen dünnen Plastikstreifen zwischen Daumen und Zeigefinger

halten, ist er gerade und präferiert keine Richtung. Damit besitzt er Symmetrie. Erhöhen Sie nun den Druck auf den Plastikstreifen, indem Sie beginnen, ihn zusammenzudrücken, so wird er sich in eine Richtung beugen. Obwohl der Plastikstreifen also anfänglich symmetrisch war, biegt er sich bei ausreichendem Druck in eine Richtung und »bricht« damit seine Symmetrie. Wenn Sie den Druck wieder reduzieren, so wird er wieder in seine symmetrische Form zurückkehren.

Gleiches gilt für einen Kreisel, der im hochenergetischen Zustand eine symmetrische Drehung ausführt. Nach einiger Zeit hat er durch seine Reibung jedoch so viel Energie verloren, dass er zu taumeln beginnt, zur Seite fällt und damit seine Symmetrie bricht.

Symmetriebrechung im Magnetismus

Ein weiteres Phänomen, an dem man die spontane Symmetriebrechung gut beobachten kann, ist der Magnetismus: Er hat seine Ursache darin, dass jedes Elektron ein intrinsisches magnetisches Moment (Spin) besitzt, als würde es einen kleinen Stabmagneten mit sich herumtragen. In den meisten Atomen heben sich die Effekte dieser vielen kleinen Stabmagneten so auf, dass nach außen hin kein effektives magnetisches Feld wirkt. Doch in einigen Atomsorten sind die Elektronenkonfigurationen so günstig, dass der »Effekt der kleinen Stabmagneten« nach außen hin deutlich wahrnehmbar erhalten bleibt. Hierbei spricht man von ferromagnetischen, also magnetisierbaren Materialien. Liegt die Temperatur oberhalb einer gewissen, als Curietemperatur bezeichneten Schwelle (für Eisen liegt die Curietemperatur bei 768 °C), so besitzt jedes Elektron genug Energie, um ganz eigensinnig mit seinem Stabmagneten in jede beliebige Richtung zu deuten, ohne Rücksicht auf die anderen umliegenden Elektronen. Senkt man die Energie nun unter die Schwelle der Curietemperatur ab, so verfügt jedes einzelne Elektron über immer weniger Energie. Die Elektronen »merken« nun, dass sie dieses Weniger an Energie gut kompensieren können, indem sie sich in kleinere Grüppchen aufteilen, die mit ihren Stabmagneten jeweils in die gleiche Richtung zeigen. Aus unserem etwas eigensinnigen Elektron wird nach Unterschreiten dieser Temperaturschwelle nun ein wahres Herdentier. Die so gebildeten, scharf voneinander abgetrennten Bereiche gleicher Elektronenausrichtung nennt man Weis'sche Bezirke. Bedauerlicherweise richten sich diese untereinander so aus, dass sich auf größeren Längenskalen noch kein ganzer Stabmagnet ergibt. Dafür muss man noch ein wenig nachhelfen. Richtet man von Hand durch Anbringen eines magnetischen Feldes alle Weis'schen Bezirke in die gleiche Richtung aus, so entsteht ein Stabmagnet.

Aus dem Wirrwarr von vielen einzelnen Teilchen ergibt sich nun eine ausgezeichnete Richtungsachse mit Nordpol und Südpol. Durch dieses Magnetfeld ist der Raum beziehungsweise die Bewegung im Raum nicht mehr symmetrisch in alle Raumrichtungen. Der Magnet hat also die Raumsymmetrie gebrochen. Oberhalb der Curietemperatur ist dieses Ausrichten nicht möglich. Erst mit abnehmender Energie und fallender Temperatur kann eine Richtung bevorzugt werden. Dieses faszinierende Konzept der spontanen Symmetriebrechung können wir nun im Rahmen der Quantenfeldtheorie auf unser Standardmodell anwenden.

Das Higgs-Feld und seine Dynamik

Im modernen physikalischen Weltbild wird die Frage nach der Herkunft der Masse mit dem Modell von einem Mechanismus beantwortet, der seit dem Urknall überall im Universum vorhanden ist und in unterschiedlichem Maße auf unterschiedliche Teilchen einwirkt. Dieser Mechanismus wird als Feld bezeichnet. So wie ein elektrisches Feld im Raum elektrische Kräfte vermittelt, so kann man sich das Higgs-Feld wie ein »Kraft«-Feld vorstellen, das Teilchen Masse verleihen und sie in gewissem Sinne abbremsen, also eine Art Reibungskraft bewirken kann. Unterschiedliche Teilchen erhalten durch dieses

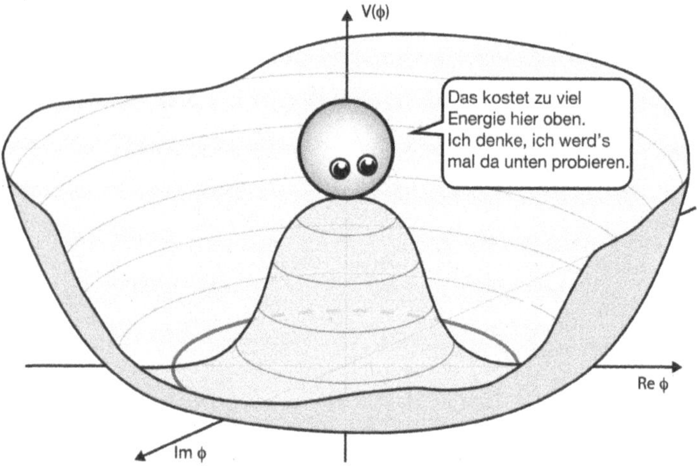

Abbildung 23: Die Kugel will ihre Energie minimieren.

Feld unterschiedliche Massen; manche Teilchen jedoch wechselwirken nicht mit dem Higgs-Feld – wie das Photon – und sind deswegen masselos.

Zur Erinnerung: Würde man ein Proton auf eine Waage legen, so wären 96 Prozent seines Gewichts auf jene Energie zurückzuführen, die zwischen seinen Quarks hin und her fließt. Man spricht hier von Bindungsenergie. Laut Einstein ist Masse erstarrte Energie. Nur vier Prozent des Gewichts des Protons haben mit der eigentlichen Masse seiner Quarks zu tun, und diese Masse wiederum ist die erstarrte Wechselwirkungsenergie der Quarks mit dem Higgs-Feld.

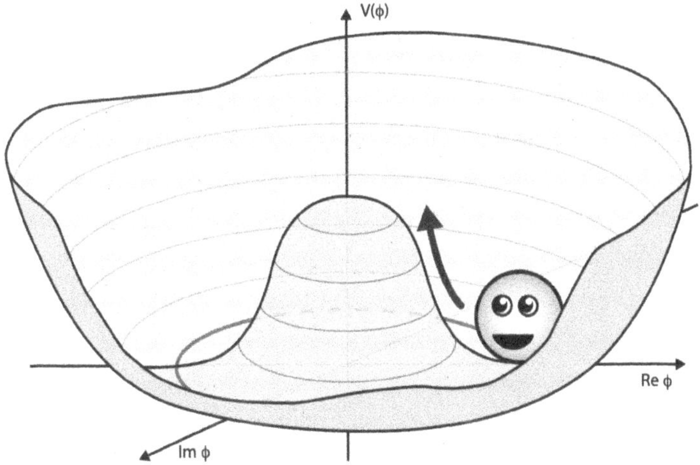

Abbildung 24: Die Schwingung entlang des »Abhangs« der Hutkrempe ist möglich. Sie verursacht das Higgs Boson.

Die Forderung nach gewissen Symmetrien im Universum mündet in ein Modell für das Higgs-Feld. Dieses sieht in seiner einfachsten Form aus wie ein mexikanischer Hut (siehe Abbildung 23). In der Mitte liegt ein Hügel (Hutkrone), der von einem rinnenartigen, konkav gewölbten Graben umgeben wird (Hutkrempe).

Sehen wir doch mal die Masse nicht länger als fixe Größe gemäß dem Motto: »Dieses Teilchen wiegt 10 GeV.« Sondern betrachten wir sie als eine dynamische Variable, die sich auf unserem mexikanischen Hut bewegen kann. In diesem Modell kann man sich die Masse als eine sich auf dem Hut bewegende Kugel vorstellen. Die

Kugel steht hierbei nicht repräsentativ für ein Teilchen, sondern für einen Zustand des Feldes. Ihr Abstand vom Mittelpunkt des Huts (auf dem Scheitel der Hutkrone) bestimmt die Masse unseres Teilchens. Zu Beginn sitzt die Kugel genau auf diesem Mittelpunkt, wo die Symmetrieachse des Huts verläuft – die W- und Z-Bosonen besitzen keine Masse. Doch so wie eine Kugel einen Berg hinunterrollt, um ihre Energie zu minimieren, so strebt nun auch unsere imaginäre Kugel danach, in die Krempe hineinzurollen. Schon die winzigste Störung genügt – und die Kugel rollt aus ihrer instabilen Gleichgewichtslage nach unten. Die Symmetrie ist gebrochen. Unsere Kugel befindet sich nun nicht mehr auf dem »Nullpunkt«, sondern hat einen bestimmten Abstand zu ihrer ursprünglichen Position (Abbildung 24). Diesem Abstand entspricht die nun von Null verschiedene Masse der W- und Z-Bosonen.

Analog zum fallenden Kreisel hat unsere Kugel also die Symmetrie gebrochen. Man beachte hierbei, dass das Potenzial, also die Energie des Feldes, prinzipiell immer noch symmetrisch ist. Lediglich aus dem Blickwinkel der Kugel schaut es nicht mehr symmetrisch aus. Die Kugel »sieht« sozusagen nur noch ihre Krempe und den Anstieg der Hutkrone. Wir haben also eine gebrochene Symmetrie, obwohl wir uns immer noch in einem vom Mittelpunkt aus betrachtet symmetrischen Potenzial befinden. Es entsteht also ein asymmetrischer Eindruck, der unseren W- und Z-Bosonen eine Masse verleiht. Trotzdem bleibt unsere Eichsymmetrie erhalten, da der Hut prinzipiell immer noch eine symmetrische Form hat.

Das Higgs-Boson

Doch wo genau kann in diesem Modell ein Higgs-Boson auftreten? Wenn es nachgewiesen werden kann, können wir beweisen, dass unsere Überlegungen zur Kugel auch der Realität entsprechen und nicht nur einen mathematischen Rechentrick darstellen.

In der Quantenfeldtheorie haben Teilchen eine besondere Form der Existenz, sie sind allesamt Anregungen beziehungsweise Schwingungen von Feldern. Um den Begriff des Feldes zu veranschaulichen, stelle man sich eine Wasserfläche vor, auf der sich Wellen befinden. Die Wasserfläche steht für das Feld und durchsetzt den gesamten Raum, während die Teilchen durch Wellen dargestellt werden. Wellen sind nur so lange zu beobachten, wie das Wasser hin und her schwingt. In diesem Sinne sind also Teilchen Anregungen eines Feldes. Im Bild des mexikanischen Huts entspricht der Zustand eines Feldes der Bewegung der Kugel.

In der Quantenfeldtheorie besteht das Universum aus einer Ansammlung von Feldern. Erst durch die Anregung eines dieser Felder entsteht ein Teilchen, zum Beispiel ein Elektron. Existiert das Higgs-Feld tatsächlich, so hat unsere Kugel die Möglichkeit, die Seitenwände der Hutkrone auf und ab zu rollen, wodurch eine Schwingung erzeugt wird. Dieser Schwingbewegung des Higgs-Feldes entspricht ein Teilchen – das Higgs-Boson.

Zusammenfassung

Befände sich das Universum im Inneren einer gigantischen, stromdurchflossenen Spule, so wäre das gesamte Universum mit einem homogenen Magnetfeld durchflutet. Sämtliche geladene Teilchen flögen dann auf seltsamen Bahnen durch das Universum. Für uns jedoch wären diese verrückten Bewegungen eben der natürliche Lauf der Dinge. Würde man uns erklären, dass es im Grunde der Wirkung eines Feldes geschuldet sei, dass sich alles im Kreis dreht, so sähen wir uns vermutlich in unserer tiefsten Intuition erschüttert, dass die Kreisbewegung etwas Ursprüngliches, nicht weiter Hinterfragbares ist. Entsprechend verhält es sich mit dem Higgs-Feld und der Herkunft der Masse der Elementarteilchen. Das Higgs-Feld ist ein wichtiger Teil unserer Welt. Erst durch seine Anwesenheit greifen die Prozesse des Standardmodells auf die uns bekannte Weise ineinander und machen unsere Welt zu dem, was sie ist.

Wir haben gesehen, wie das Higgs-Feld durch eine spezielle Synthese aus Symmetrie und Asymmetrie genau jene Eigenschaften hervorbringt, um die Masse der Elementarteilchen im modernen physikalischen Weltbild erklären zu können. Das Higgs-Teilchen ist in diesem Bild nicht der Grund für die Masse, sondern eine messbare Erschütterung des Higgs-Feldes. Dass diese Erschütterung gemessen wurde, ist ein großartiger Fortschritt der Wissenschaft. Das Higgs-Feld liefert Antworten, doch es gibt auch Anlass zu neuen Fragen. Zum Beispiel: Woher kommt es selbst? Oder wie es der Physiker Steven Weinberg ausdrückte:

»My nightmare is that the LHC's only important discovery will be the Higgs. It's discovery was important. It confirms existing theory, but it does not give us any new ideas. We need to find new things that cry out for further investigation, if we are to get money for a next generation collider.« (Mein Albtraum ist, dass die einzige wichtige Entdeckung am LHC das Higgs-Teilchen bleibt. Seine Entdeckung war wichtig, sie bestätigt die bestehende Theorie, aber sie gibt uns keine neuen Ideen. Wir müssen neue Dinge finden, die nach weiterer Forschung verlangen, wenn wir Geld bekommen wollen für einen Teilchenbeschleuniger der nächsten Generation.)

Higgs und fertig?

Harald Lesch

So, das Higgs ist jetzt gefunden. Das Higgs schließt das Standardmodell ab. Das liest sich wie der berühmte Satz am Ende eines guten Abendessens: »Käse schließt den Magen.« Danach gibt es höchstens noch eine Tasse Kaffee, und das war es dann. Kein Nachtisch mehr, man fragt nach der Rechnung.

Ist das Higgs wirklich so ein Abschlussstück der Teilchenphysik? Kommt jetzt nur noch die Rechnung? Was der Betrieb des großen Beschleunigers im schweizerischen und französischen Untergrund kostet, ist bekannt, da geht es um richtig viel Geld. Aber wofür? Was suchen die Physiker denn jetzt noch, und können sie es mit dieser »größten Maschine der Welt« auch finden?

Auf der uralten Suche nach den ewigen Prinzipien der Materie sind wir schon ziemlich weit gekommen, das muss man ja mal sagen. Es ist den Forschern tatsächlich gelungen, so tief in die Materie einzudringen, dass sie auf einige wenige, offensichtlich wirklich elementare Teilchen und vier fundamentale Kräfte gestoßen sind. Laut einer Presseveröffentlichung des Deutschen Elektronen-Synchrotrons (DESY) ist damit die Suche nach dem Aufbau der uns umgebenden leuchtenden Materie abgeschlossen. »Wir haben fertig!« Was gibt es dann jetzt noch zu suchen? Kann es wirklich sein, dass die erfolgreichste Wissenschaft aller Zeiten an ihren Grundfesten an ein empirisches Ende gekommen ist?

Die Lage ist etwas komplizierter, als es die Presseverlautbarung der Hamburger Physiker darstellt. Zum einen gibt es nach wie vor Teilchen im Universum, deren Wirkung von den Astrophysikern mit dem Begriff »Dunkle Materie« zwar sehr eingängig benannt wird, deren physikalische Natur aber völlig unbekannt ist. Man weiß zwar, dass es diese Teilchen geben muss, aber sie setzen sich ganz sicher nicht aus den Elementarteilchen zusammen, die vom Standardmodell vorhergesagt wurden und über vier Jahrzehnte in harter Arbeit an verschiedenen Beschleunigeranlagen nachgewiesen wurden. Die Astrophysiker fordern für die Dunkle Materie Teilchen, die viel schwerer sein müssen als die Protonen, aber auf keinen Fall in irgendeiner Weise mit elektromagnetischer Strahlung in Wechselwirkung treten dürfen. In einfachen Worten: Die Teilchen der Dunklen Materie geben weder Strahlung ab, noch absorbieren sie diese. Die Dunkle Materie ist einfach nur schwer, das heißt, sie wirkt durch ihre Masse auf die Massenverteilungen der leuchtenden Materie. Als besonders starker Hinweis gelten hier die Beobachtungen des von der Allgemeinen Relativitätstheorie erklärten Gravitationslinseneffekts, der dadurch zustande kommt, dass sich in Anwesenheit von großen Materiemengen die Raum-Zeit-Geometrie und dadurch wiederum die Lichtwege ändern. Kurzum, die zahlreichen Gravitationslinsen im Universum dienen den Astrophysikern als Instrument, die räumliche Verteilung und Masse der unsichtbaren Dunklen Materie anhand der durch die verbogenen Lichtwege verzerrten Bilder von Galaxien und Galaxienhaufen nachzuweisen. Wir wissen also, dass es im Universum noch Materieanteile geben muss, die vom Standardmodell der Teilchenphysik nicht beschrieben, erklärt und vorhergesagt werden.

Allerdings kann man diese bis heute noch unbekannten Teilchen hier auf der Erde kaum finden, denn die Dunkle Materie macht sich erst in sehr großen räumlichen Ausdehnungen bemerkbar. So hat sie praktisch überhaupt keinen Einfluss auf die Bewegungen der Planeten im Sonnensystem oder der Sterne in der Milchstraße innerhalb einer Entfernung vom Zentrum unserer Milchstraße von rund 50000 Lichtjahren. Erst bei größeren Abständen vom Zentrum einer Galaxie dominiert die Dunkle Materie die Bewegungen der leuchtenden Materie. Deshalb muss man schon extrem empfindliche Messungen in unseren Laboren vornehmen, um überhaupt auf die hiesige Existenz von Dunkler Materie schließen zu können. Der LHC in der Schweiz könnte hierfür der richtige Platz sein, denn möglicherweise könnten die Teilchen der Dunklen Materie bei Experimenten mit noch höheren Energien entstehen.

Theorien, die für die Existenz von bisher noch verborgenen Teilchenfamilien sprechen, gibt es zur Genüge. Vor allem die Entwicklung des Standardmodells selbst liefert hier wichtige Hinweise, dass eine Vereinigung aller vier fundamentalen Kräfte zu einer »Urkraft« der richtige Weg ist. Auf dem Weg zum Standardmodell hat sich nämlich die Vereinigung der elektromagnetischen Kraft und der sogenannten schwachen Kernkraft als Meilenstein der Teilchenphysik herausgestellt. Die Verschmelzung beider Kräfte zur elektroschwachen Wechselwirkung stellt eine der größten und tiefsten Erkenntnisse der Physik überhaupt dar. Schließlich wirkt die elektromagnetische Kraft überall, ihre Reichweite ist unendlich, sie erklärt die Wechselwirkung von elektromagnetischer Strahlung mit der leuchtenden Materie, den Aufbau von Atomen und Molekülen und die Energiequelle von Sternen. Die schwache Kernkraft hingegen wirkt nur innerhalb von Kernbausteinen wie Neutronen. Ihre Reichweite beträgt gerade mal 10^{-18} Meter. Und doch, oberhalb sehr hoher Energien von 100 GeV sind diese beiden Kräfte nicht mehr voneinander zu unterscheiden. Diese Vereinigung hat den Weg geebnet zu Experimenten, die die Vorhersagen überprüfen, denn die neue Theorie der elektroschwachen Wechselwirkung hat neue Kraftteilchen prognostiziert (die alle entdeckt wurden). Damit stellt diese vereinigte Kraft den Eckpfeiler des Standardmodells der Teilchenphysik dar. Als deren Konsequenz ließ sich übrigens auch die Existenz des Higgs-Feldes ableiten.

Wichtig für uns hier ist aber vielmehr die Perspektive, die sich aus der Entwicklung der Theorie der elektroschwachen Wechselwirkung ergibt. Denn nachdem es ganz offenbar ja schon einmal gelungen ist, zwei völlig unterschiedliche Grundkräfte zu vereinigen, könnte man als nächsten Schritt ja die starke Kernkraft mit der elektroschwachen Wechselwirkung zusammenführen und zu guter Letzt auch noch die Gravitation »mit ins Boot holen«.

Darüber hinaus eröffnen Entwicklungen in der Theoretischen Physik auch noch ganz andere Möglichkeiten. Denn über die experimentellen und theoretischen Fortschritte in der Teilchenphysik hinaus haben Theoretische Physiker seit Langem einen »großen Traum«. Er hat den schönen Namen SUSY und steht als Abkürzung für Supersymmetrie. SUSY ist die vielversprechendste Heldin der Theoretischen Physik auf der Suche nach der ganz großen Vereinheitlichung von allem: den Teilchen der Dunklen und der leuchtenden Materie mit wenigstens drei der vier fundamentalen Kräfte. SUSY stellt die konsequente Fortsetzung der bis heute so erfolgreichen Suche nach den Grundbausteinen der Materie und den physikalischen Prozessen im ganz frühen Universum dar. Und SUSY kann im Experiment getestet werden – sie sagt nämlich verschiedene Teilchenfamilien voraus, die als exzellente Kandidaten auch für Dunkle Materie gelten. Damit wären mehrere Fliegen mit einer »theoretischen Klappe« geschlagen. Die Theorie kann weiter ihrer Suche nach der großen Urkraft nachgehen, die Experimentalphysik hat Anlass, neue Experimente aufzubauen, und die Astrophysiker hätten endlich eine Erklärung für die Dunkle Materie, die übrigens sechs- bis siebenmal so häufig und schwer ist wie die leuchtende Materie.

Wie fast immer in der Physik führt auch die Entdeckung des Higgs-Teilchens offenbar nicht zum Ende der Forschung. Die über viele Jahre vollzogene, im Jahr 2012 endlich erfolgreiche Suche nach dem Higgs-Teilchen hat nur den Boden, auf dem die Teilchenphysik steht, stabilisiert. Dieser Boden bildet die Basis des großen Tankers Physik, der sich nun seit über 400 Jahren durch den Ozean des Wissens bewegt. Die Mannschaften an Bord werfen unablässig ihre Netze aus, immer feiner werden die Maschen ihrer Jagdgeräte, um noch kleinere und noch exotischere Phänomene der Natur einzufangen. Und immer bleibt der Blick der Menschen an Bord auf den Horizont gerichtet: Was mag sich dahinter noch alles an Rätseln verbergen?

In diesem Sinne: Ahoi!

Stockholm, 8. Oktober 2013: Bekanntgabe des Physik-Nobelpreises

Florian Zeller und Harald Lesch

Es war ein langer Weg der beiden Forscher Peter Higgs und François Englert bis zu jenem Augenblick, in dem das CERN (Europäische Organisation für Kernforschung) nach den Experimenten mit dem Large Hadron Collider (LHC) ihre Theorie des Higgs-Teilchens bestätigte. Der Nachweis ist ein Triumph der Teilchenphysik, denn ihr Standardmodell steht nun auf solidem Fundament.

Bereits in den 60er-Jahren postulierten beide Forscher unabhängig voneinander den später nach Peter Higgs benannten Higgs-Mechanismus. Im Jahrzehnt zuvor waren schon erste Versuche unternommen worden, die beiden Grundkräfte des Elektromagnetismus und der schwachen Wechselwirkung zu vereinheitlichen. Dazu führten die Forscher damals Teilchen zur Kraftübertragung ein: Bei der elektromagnetischen Kraft waren es die Photonen, bei der schwachen Kraft hingegen wurden drei noch unbekannte Teilchen vorausgesagt. Die mathematische Symmetrie verlangte, dass alle vier Teilchen masselos sind. Die Experimente zeigten jedoch, dass die Teilchen für die schwache Kraft eine Masse besaßen, weshalb diese Theorie scheiterte.

Peter Higgs, François Englert und der 2011 verstorbene Robert Brout beschritten einen anderen Weg, indem sie davon ausgingen, dass das Universum von einem Feld durchzogen sei, das manchen Teilchen ihre Masse verleiht und anderen nicht. Darauf basierend gelang es anderen Forschern, die beiden erwähnten Grundkräfte zusammenzuführen, da sie das Potenzial dieser Theorie erkannten – was diesmal drei massebehaftete Teilchen voraussetzte. Bald wurden diese als W- und Z-Bosonen postulierten Teilchen am CERN detektiert, was ihren Entdeckern den Nobelpreis einbrachte. Die Bedeutung des Feldes wurde immer wichtiger in der Physik, da es ansonsten keine feste Materie geben würde. Jedoch blieb die Frage offen, ob es wirklich ein Feld gibt und wie man es nachweisen kann.

Dass mit einem Feld auch stets Teilchen verbunden sind, besagt die Quantenphysik. Das Problem ist allerdings, dass diese nicht immer existieren. So wusste man, dass für den Nachweis des Higgs-Feldes extrem hohe Energien notwendig sind. Viele Forscher stellten deshalb den technischen Nachweis lange infrage.

Doch die Teilchenphysik baute ihr Standardmodell auf der Grundlage des noch nicht gefundenen Higgs-Teilchens immer weiter aus, und zwar mit großem Erfolg. Vorhergesagte Teilchen wurden gefunden – auch dafür gab es sehr oft Nobelpreise. Nur die Hauptgrundlage war bis zum Jahr 2012 noch unbewiesen. Das änderte jedoch der LHC mit der endgültigen Entdeckung des Teilchens, womit eine rund 60 Jahre andauernde Entwicklung der Teilchentheorie vollendet wurde. Wäre dieser Nachweis nicht gelungen, hätte das Standardmodell der Teilchenphysik Schiffbruch erlitten, da alle seine Aussagen auf einem Teilchen basierten, das dann nicht existiert hätte, es aber andererseits Teilchen vorhersagte, die gefunden wurden.

Während dieser Zeit blieben die drei Hauptakteure dieser Theorie außen vor, da der letzte Beweis immer noch fehlte. Deshalb wurden – ein Jahr nach dem erfolgreichen LHC-Experiment – Peter Higgs und François Englert 2013 in der Fachwelt als Favoriten für den Physik-Nobelpreis gehandelt. In der Hoffnung, dass die beiden nun endlich den verdienten Lohn erhielten, saßen am 8. Oktober 2013 viele Beobachter gespannt vor dem Computerbildschirm und sahen den Livestream aus Stockholm. Mit mehrstündiger Verspätung kam dann doch die erlösende Nachricht: Die zwei Begründer eines Feldes, das das ganze Universum durchdringt und den Teilchen ihre Masse verleiht, erhalten den Nobelpreis für Physik 2013!

Über ein Jahr haben wir an unserem Buch über das Higgs-Teilchen und seinen Namensgeber gefeilt, damit es bei einer eventuellen Verleihung des Nobelpreises an die Pioniere des Higgs-Teilchens fertig sein könnte. Und es hat geklappt. Mit dieser größten denkbaren Ehrung für zwei Physiker wurde eine außerordentliche wissenschaftliche Leistung aus den frühen 60er-Jahren belohnt. Gut Ding will Weile haben, kann man da nur sagen. Das größte Experiment der Menschheit hat Higgs' und Englerts Vorhersagen bestätigt; ihre Theorie ist ein strahlender Baustein im Puzzle der Teilchenphysik und der Kosmologie. Wir gratulieren von ganzem Herzen und voller Respekt.

Peter Higgs

Geboren am 29. Mai 1929 in Elswick, England. Er promovierte 1954 am King's College in London und war 1954/55 an der Universität von Edinburgh tätig, wo er, nach verschiedenen Forschungsstipendien und Lehraufträgen an anderen Universitäten, 1970 zum Professor für Theoretische Physik berufen wurde und dort in dieser Funktion bis zu seiner Emeritierung 1996 tätig war.

François Englert

Geboren am 6. November 1932 in Etterbeek, Belgien. Er studierte Elektroingenieurwesen und promovierte 1959 in Physik an der Université libre de Bruxelles (Brüssel). Dort wurde er später zum Professor in der Abteilung für Theoretische Physik berufen, die er ab 1980 bis zu seiner Emeritierung 1998 leitete.

Dank

Unsere kleine Gruppe von Jungautoren befand sich vor etwas mehr als zwei Jahren in der Astronomievorlesung von Professor Dr. Harald Lesch für Bachelorstudenten der Physik an der Ludwigs-Maximilians-Universität in München. Seine Vorlesungen gestaltet Harald so, wie man ihn auch aus dem Fernsehen kennt. Mit seiner unvergleichlichen Art motiviert und fasziniert er seine Studenten genau so wie die Zuschauer seiner Sendungen. Während seines Vortrags erwähnte Harald in einem Nebensatz, dass er ein Angebot von einem Verlag bekommen habe, ein Buch zu schreiben. Was am Anfang nur als eine kleine Nebenbemerkung gedacht war – mit dem humoristischen Zusatz, das sei auch »ein schönes Projekt für Studenten« –, nahmen wir sieben Studenten ziemlich ernst. Dieses Interesse sah Harald uns an, und ohne dass wir ihn direkt darauf angesprochen hätten, bot er uns in derselben Vorlesung an, mit ihm gemeinsam dieses Buch zu schreiben.

Doch das Abenteuer sollte zunächst nicht allzu lange andauern. Nach einiger Zeit wurde uns bewusst, dass das Thema, über das wir schreiben sollten, uns nicht gerecht wurde. Doch anstatt dass wir aufgaben, motivierte uns Harald, weiter an einem Buch zu arbeiten. So begaben wir uns auf die Suche nach einem neuen Thema, auf das wir dann auch in der aktuellen Medienberichterstattung stießen. Beim Projekt OPERA im Gran-Sasso-Massiv (Italien) wurden vom CERN ausgesandte Neutrinos gemessen, die sich anscheinend schneller als das Licht bewegten. Ein aufregendes und interessantes Thema für uns Studenten. So machten wir uns ans Werk, bis uns die Realität einholte. Wir und die restliche Welt mussten schließlich erfahren, dass der Grund für dieses Phänomen eine fehlerhafte Kabelverbindung war. Dieses Eingeständnis war ein schwarzer Tag für die Wissenschaft und auch für uns. Doch wiederum wurden wir von Harald angespornt, unsere Gruppe nicht aufzulösen, sondern noch einmal ein Thema zu suchen – denn aller guten Dinge sind drei, wie es so schön heißt.

Durch das OPERA-Projekt hatten wir uns ja schon gedanklich in das CERN vertieft, wo auch der größte je gebaute Teilchenbeschleuniger steht, der LHC. Im Rahmen einer Diskussion über den LHC und seine Ziele stießen wir auf das Higgs-Teilchen. Durch die simple Frage von Harald, was das Higgs-Teilchen beziehungsweise das Higgs-Feld sei, und unsere Reaktion darauf – nämlich fragendes Staunen – war unser Thema für dieses Buch gefunden. Kurze Zeit darauf wurde die Welt vom CERN darüber informiert, dass das ominöse Higgs-Teilchen, das sich über die letzten Jahrzehnte seiner Entdeckung erfolgreich widersetzen konnte, nun mit ziemlicher Sicherheit gefunden sei. Und so machten wir uns daran, uns gemeinsam in diese Thematik einzuarbeiten und dieses Buch zu schreiben. Wir alle hatten viel Spaß an diesem Projekt und sind stolz auf das, was wir erreicht haben.

Ohne die Motivation durch Harald wären wir nie so weit gekommen. Es ist diese Hingabe zu seinen Studenten, die ihn – neben seinem großen Fachwissen – auszeichnet und zu einem besonderen Professor macht. Aus diesem Grunde möchte sich »Haralds Scrabble-Runde« sehr herzlich bei ihm für diese einzigartige Gelegenheit und Erfahrung, an der er uns teilhaben ließ, bedanken. Durch sein Engagement, dieses Buch voranzutreiben, nie aufzugeben und sich immer Zeit für uns und dieses Projekt zu nehmen, haben wir nicht nur fachlich, sondern auch fürs Leben viel gelernt.

Ein besonderer Dank für ihre Unterstützung gilt auch den Mitarbeitern des C. Bertelsmann Verlags, vor allem dem Lektor Eckard Schuster und der Bildredakteurin Dietlinde Orendi. Sie haben dazu beigetragen, dass das Buch fast in Lichtgeschwindigkeit erscheinen konnte.

München, Oktober 2013
Martin P. Dittgen, Timothy Hall, Matthias Helsen,
Florian Selig, Judith Selig, Florian Zeller,
Roman Zitlau

Quellen

Higgs und der Journalismus (M. Helsen)

Briggs, John/Peat F. David: *Die Entdeckung des Chaos.* München/Wien: Hanser, 1990

Goethe, Johann Wolfgang: *Gedichte.* Stuttgart: Reclam, 2006

Schneider, Wolf/Raue Paul-Josef: *Das Neue Handbuch des Journalismus.* Reinbek: Rowohlt, 2008

Von »Urknall-Maschinen«, »Gottesteilchen« und Schwarzen Löchern (T. Hall)

http://prl.aps.org/abstract/PRL/v13/i16/p508_1

http://prl.aps.org/abstract/PRL/v100/i10/e101101

http://scienceblogs.de/hier-wohnen-drachen/2012/04/01/stabiles-minischwarzes-loch-aus-higgsteilchen-erzeugt/

http://www.spiegel.de/wissenschaft/mensch/experiment-in-genf-gericht-weist-eilantrag-gegen-superbeschleuniger-ab-a-575275.html

http://www.geologie.uni-freiburg.de/root/people/andrias/scheuchzeri.html

Rätsel und Kuriositäten in der Welt der allerkleinsten Dinge (R. Zitlau)

Griffiths, David: *Introduction to Elementary Particles.* 2., überarb. Auflage, Weinheim: Wiley-VCH, 2008

Treffen sich zwei Protonen ... (J. Selig)

http://public.web.cern.ch/public/en/lhc/LHC-en.html
http://public.web.cern.ch/public/en/lhc/Safety-en.html
http://public.web.cern.ch/public/en/lhc/ALICE-en.html
http://aliceinfo.cern.ch/Public/Welcome.html
http://public.web.cern.ch/public/en/lhc/ATLAS-en.html
http://atlas.ch/
http://public.web.cern.ch/public/en/lhc/CMS-en.html
http://cms.web.cern.ch/
http://public.web.cern.ch/public/en/lhc/LHCb-en.html
http://lhcb-public.web.cern.ch/lhcb-public/
http://public.web.cern.ch/public/en/lhc/TOTEM-en.html
http://totem-experiment.web.cern.ch/totem-experiment/
http://public.web.cern.ch/public/en/lhc/LHCf-en.html

ATLAS und CMS – zwei Weltmaschinen auf der Suche nach Higgs (F. Selig/F. Zeller)

Jakobs, Karl: *Das ATLAS-Experiment am Large Hadron Collider. Ein Schlüsselexperiment zum Verständnis von Kräften und Materie.* http://www.fsp101-atlas.de/sites/site_fsp101-atlas/content/e200678/e208974/e200736/ATLAS-LHC.pdf

CERN-FAQ – LHC. Ein Leitfaden (Broschüre).

www.atlas.ch/news/2012/HiggsStatementATLAS-German1.pdf

http://multimedia-gallery.web.cern.ch/multimediagallery/Brochures.aspx

www.lhc-facts.ch

Das Higgs-Teilchen aus dem Blickwinkel der Theoretischen Physik (M. P. Dittgen)

Bleck-Neuhaus, Jörn: *Elementare Teilchen. Von den Atomen über das Standard-Modell bis zum Higgs-Boson.* 2. Auflage, Heidelberg: Springer Spektrum, 2012

Mandl, Franz/Shaw, Graham: *Quantum Field Theory.* 2. Auflage, Chichester: Wiley Blackwell, 2010

Srednicki, Mark: *Quantum Field Theory.* Cambride (UK): Cambridge, Cambridge University Press, 2007

Zee, A.: *Quantum Field Theory in a Nutshell.* 2. Auflage, Princeton, Princeton University Press, 2008

Autoren

Martin P. Dittgen studiert Physik an der Ludwig-Maximilians-Universität München. Er beschäftigt sich vor allem mit theoretischen Themen wie Quantenfeldtheorien, Quantencomputern und computergestützter Physik. Als Bachelorarbeit programmierte er eine interaktive Simulation einer nichtlinearen Massenkette.

Timothy Hall studiert seit 2009 Physik an der Ludwig-Maximilians-Universität München. Daneben war er für die Naturwissenschaftsredaktion des ZDF tätig. Sein Traum ist es, wissenschaftliche Prinzipien für jedermann verständlich zu machen.

Matthias Helsen studiert Germanistik und Philosophie an der Ludwig-Maximilians-Universität München. Er hat sich auf Neurolinguistik und Metaphysik in der Hoffnung spezialisiert, das Bewusstsein und die Realität besser verstehen zu können.

Harald Lesch ist Professor für Theoretische Astrophysik am Institut für Astronomie und Astrophysik der Ludwig-Maximilians-Universität München, Moderator mehrerer TV-Wissenschaftsmagazine und Autor populärwissenschaftlicher Bücher.

Florian Selig studiert mit Feuer und Flamme Astrophysik. Daneben interessieren ihn auch irdische Dinge wie Leichtathletik, Segelfliegen, Tauchen, Bergsteigen – und er betreibt eine eigene kleine Schmiede.

Judith Selig entdeckte schon früh durch das Teleskop ihres Vaters ihr Interesse für Sterne, Planeten und das Weltall. Sie studiert Astrophysik an der Ludwig-Maximilians-Universität in München.

Florian Zeller studiert an der Ludwig-Maximilians-Universität München Physik, Astronomie und Meteorologie. Auch er war schon in früher Kindheit vom Nachthimmel fasziniert. Sein besonderes Interesse gilt – neben den erneuerbaren Energien und dem Erdklima – extrasolaren Planeten und der Suche nach erdähnlichen Planeten.

Roman Zitlau studiert Astrophysik an der Ludwig-Maximilians-Universität München. Seitdem er als Kind den Nachthimmel sah, fasziniert ihn alles, was damit zusammenhängen mag, vom Kleinsten bis zum Größten. Er liebt es, komplizierte Dinge verständlich zu erklären.

Abbildungsnachweis

AKG Images, Berlin: 76
CERN, Genf: 60 (© 1998 CERN), 100 u., 115 (ATLAS-Experiment, © 2008 CERN), 101 o. (© 2007 CERN), 101 u. (© 2008 CERN), 102 (© 2003 CERN), 103 (© 2009 CERN), 121 (© 2006 CERN, for the benefit of the CMS Collaboration, 129 (© 2012 CERN, for the benefit of the CMS Collaboration)
Encyclopaedia Britannica/UIG/Science & Society Picture: 77
Generalic, Eni: 52 (»EniG. Periodensystem der Elemente«, 28 Sept. 2013, KTF-Split (Datum des Abrufs), http://www.periodni.com/de/)
Georg-August-Universität Göttingen, LP E-Learning, http://lp.uni-goettingen.de/get/text/4433: 79
Getty Images, München: 89
Laif: 163 (McLeod/Polaris), 164 (Labelle/Signatures)
Juergen Meyndt/Physik/Universität Freiburg: 63
Max-Planck-Institut für Astrophysik, Garching: 74
Judith Selig: 104
Philip Tanedo, www.quantumdiaries.org: 146, 147
Roman Zitlau: 65
Wikipedia: 73 (Geek3), 84 (Emok), 138 (Pearson Scott Foresman)
Wikimedia.org.: 140 (Schlaier)

Anhang Autorenporträts (S. 173–175):
Martin P. Dittgen, Timothy Hall, Matthias Helsen, Harald Lesch, Florian Selig, Florian Zeller: Privatfotos
Judith Selig: © Florian Selig
Roman Zitlau: © Stefan Houbertz